길벗스쿨

# 기적의 문제해결법

초등 6-1

길벗스쿨

# 유형 탄생의 비밀을 알면
# 최상위 수학문제도 만만해!

## ✮ 최상위 수학학습, 사고하는 과정이 중요하다!

개념 이해를 확인하는 기본 수학문제는 보는 순간 쉽게 풀어 정답을 구할 수 있습니다.

이때는 문제가 비교적 단순해서 깊은 사고가 필요하지 않습니다.

그렇다면 어려운 수학문제는 어떨까요?

'도대체 무엇을 구하라는 것이지? 어떤 방법으로 풀어야 하지?' 등 문제를 이해하는 것부터

어떤 개념을 적용하여 어떤 순서로 해결할지 여러 가지 생각을 하게 됩니다.

만약 답이 틀렸다면 문제를 다시 읽고, 왜 틀렸는지 생각하고, 옳은 답을 구하기

위해 다시 계획하고 실행하는 사고 과정을 반복하게 됩니다. 이처럼 어려운 문제를

해결하기 위해 논리적으로 사고하는 과정 속에서 수학적 사고력과 문제해결력이

향상됩니다. 이것이 바로 최상위 수학학습을 해야 하는 이유입니다.

> 수학은 문제를 해결하는 힘을 기르는 학문이에요. 선행보다는 심화가 실력 향상에 더 도움이 됩니다.

## ✮ 최상위 수학학습, 초등에서는 달라야 한다!

어려운 수학문제를 논리적으로 생각해서 풀기란 쉽지 않습니다.

논리적 사고가 완전히 발달하지 못한 초등학생에게는 더더욱 힘든 일입니다.

피아제의 인지발달 단계에 따르면 추상적인 개념에 대한 논리적이고

체계적인 사고는 11세 이후 발달하며, 그 이전에는 자신이 직접 경험한

구체적 경험 중심의 직관적, 논리적 조작사고가 이루어집니다.

이에 초등학생의 최상위 수학학습은 중고등학생과는 달라야 합니다.

초등학생의 심화학습은 학생의 인지발달 단계에 맞게 구체적 경험을

통해 논리적으로 조작하는 사고 방법을 익히는 것에 중점을 두어야 합니다.

그래야만 학년이 올라감에 따라 체계적, 논리적 사고를 활용하여 학습할 수 있습니다.

> 초등학생은 아직 추상적 개념에 대한 논리적 사고력이 부족하므로 중고등학생과는 다른 학습설계가 필요합니다.

| 초등 1, 2학년 | • 암기력이 가장 좋은 시기<br>• 구구단과 같은 암기 위주의 단순반복 학습, 개념을 확장하는 선행심화 학습<br>• 호기심이나 상상을 촉진하는 다양한 활동을 통한 경험심화 학습 |
|---|---|
| 초등 3, 4학년 | • 구체적 사물들 간의 관계성을 통하여 사고를 확대해 나가는 시기<br>• 배운 개념이 다른 개념으로 어떻게 확장, 응용되는지<br>  구체적인 문제들을 통해 인지하고, 그 사이의 인과관계를 유추하는 응용심화 학습 |
| 초등 5, 6학년 | • 추상적, 논리적 사고가 시작되는 시기<br>• 공부의 양보다는 생각의 깊이를 더해 주는 사고심화 학습 |

# 유형 탄생의 비밀을 알면 해결전략이 보인다!

중고등학생은 다양한 문제를 학습하면서 스스로 조직화하고 정교화할 수 있지만
초등학생은 아직 논리적 사고가 미약하기에 스스로 조직화하며 학습하기가 어렵습니다.
그러므로 최상위 수학학습을 시작할 때 무작정 다양한 문제를 풀기보다 어려운 문제들을 관련 있는
것끼리 묶어 함께 학습하는 것이 효과적입니다. 문제와 문제가 어떻게 유기적으로 연결, 발전되는지
파악하고, 그에 따라 해결전략은 어떻게 바뀌는지 구체적으로 비교하며 학습하는 것이 좋습니다.
그래야 문제를 이해하기 쉽고, 비슷한 문제에 응용하기도 쉽습니다.

## ⊙ 최상위 수학문제를 조직화하는 3가지 원리 ⊙

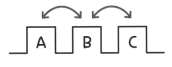

해결전략이나 문제형태가
비슷해 보이는 유형

### 1. 비교설계

비슷해 보이지만 다른 해결전략을 적용해야 하는 경우와 똑같은 해결전략을 활용
하지만 표현 방식이나 소재가 다른 경우는 함께 비교하며 학습해야 해결전략의
공통점과 차이점을 확실히 알 수 있습니다. 이 유형의 문제들은 서로 혼동하여 틀
리기 쉬우므로 문제별 이용되는 해결전략을 꼭 구분하여 기억합니다.

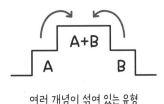

여러 개념이 섞여 있는 유형

### 2. 결합설계

수학은 나선형 학습! 한 번 배우고 끝나는 것이 아니라 개념에 개념을 더하며 확
장해 나갑니다. 문제도 여러 개념을 섞어 종합적으로 확인하는 최상위 문제가 있
습니다. 각각의 개념을 먼저 명확히 알고 있어야 여러 개념이 결합된 문제를 해
결할 수 있습니다. 이에 각각의 개념을 확인하는 문제를 먼저 학습한 다음, 결합
문제를 풀면서 어떤 개념을 먼저 적용하는지 해결순서에 주의하며 학습합니다.

문제의 조건이 변하며
난이도가 올라가는 유형

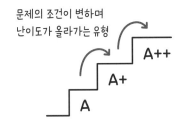

### 3. 심화설계

어려운 문제는 기본 문제에서 조건을 하나씩 추가하거나 낯설게 변형하여 만
듭니다. 이때 문제의 조건이 바뀜에 따라 해결전략, 풀이 과정이 알고 있는 것과
어떻게 달라지는지를 비교하면서 학습하면 문제 이해도 빠르고, 해결도 쉽습니
다. 나아가 더 어려운 문제가 주어졌을 때 어떻게 적용할지 알 수 있어 문제해결
력을 키울 수 있습니다.

유형 탄생의 세 가지 비밀과 공략법
1. 비교설계 : 해결전략의 공통점과 차이점을 기억하기
2. 결합설계 : 개념 적용 순서를 주의하기
3. 심화설계 : 조건변화에 따른 해결과정을 비교하기

# 해결전략과 문제해결과정을 쉽게 익히는
# 기적의 문제해결법 학습설계

기적의 문제해결법은 최상위 수학문제를 출제 원리에 따라 분리 설계하여 문제와 문제가 어떻게 유기적으로 연결,
발전되는지, 그에 따른 해결전략은 어떻게 달라지는지 구체적으로 비교 학습할 수 있도록 구성되어 있습니다.

## 1 해결전략의 공통점과 차이점을 비교할 수 있는 'ABC 비교설계'

**A** 원의 크기가 같을 때 반지름 구하기
> 지름과 반지름의 관계를 비교

**B** 원이 포개어 있을 때 반지름 구하기
> 작은 원의 위치에 따른 비교

**C** 원이 겹쳐 있을 때 반지름 구하기
> 작은 원의 크기에 따른 비교

**D** 크기가 다른 원이 맞닿아 있을 때 지름 구하기

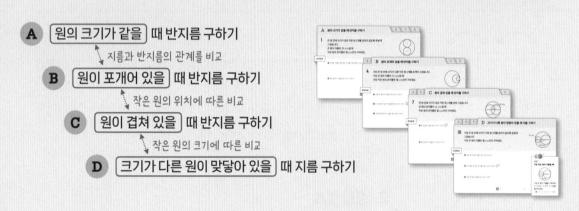

## 2 각 개념을 먼저 학습 후 결합문제를 해결하는 'A+B 결합설계'

**A** 분자에 ■가 있는 식 완성하기
⊕
**B** 분모에 ■가 있는 식 완성하기

**A+B** 어떤 분수 구하기
> 분자, 분모가 될 수 있는 수의 조건을 알아야
> 결합문제 해결 가능

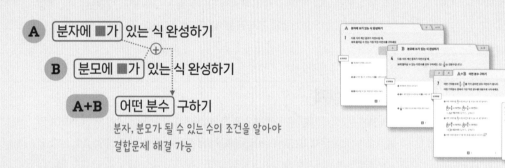

## 3 조건 변화에 따른 풀이의 변화를 파악할 수 있는 'A++ 심화설계'

**A** 가장 큰 수 만들기

**A+** 세 번째로 큰 수 만들기

**A++** 자리 숫자가 정해진 가장 큰 수 만들기
> 문제 조건에 따라
> 큰 수 만드는 풀이 변화 확인

# 수학적 문제해결력을 키우는
# 기적의 문제해결법 구성

## Step 1
### 계획부터 점검까지

언제, 얼마나 공부할지 스스로 계획하고, 학습 후 기억에 남는 내용을 기록하며 스스로 평가합니다. 이때, 내일 다시 도전할 문제, 한 번 더 풀어 볼 문제, 비슷한 문제를 찾아 더 풀어 보기 등 구체적으로 나의 학습 상태를 기록하는 것이 좋습니다.

## Step 2
### 단계별로 문제해결

학기별 대표 최상위 수학문제 40여 가지를 엄선!
다양한 변형 문제들을 3가지 원리에 따라 조직화하여
해결전략과 해결과정을 비교하면서 학습할 수 있습니다.

## Step 3
### 스스로 문제해결

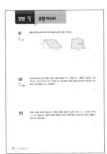

정답을 맞히는 것도 중요하지만, 어떻게 이해하고 논리적으로 사고하는지가 더 중요합니다. 정답뿐만 아니라 해결과정에 오류나 허점은 없는지 꼼꼼하게 확인하고, 이해되지 않는 문제는 관련 유형으로 돌아가서 재점검하여 이해도를 높입니다.

이름

□□□□□ 의 공부 다짐

나 _____ 은(는) 「기적의 문제해결법」을 공부할 때

 **1** **스스로 계획하고 실천하겠습니다.**

- 언제, 얼마만큼(공부 시간과 학습량) 공부할 것인지 나에게 맞게, 내가 정하겠습니다.

- 채점을 하면서 틀린 부분은 없는지, 틀렸다면 왜 틀렸는지도 살펴보겠습니다.

- 오늘 공부를 반성하며 다음에 더 필요한 공부도 계획하겠습니다.

 **2** **일단, 내 힘으로 풀어 보겠습니다.**

- 어떻게 풀지 모르겠어도 혼자 생각하며 해결하려고 노력하겠습니다.

- 생각하지도 않고 부모님이나 선생님께 묻지 않겠습니다.

- 풀이책을 보며 문제를 풀지 않겠습니다.

  풀이책은 채점할 때, 채점 후 왜 틀렸는지 알아볼 때만 사용하겠습니다.

 **3** **딱! 집중하겠습니다.**

- 딴짓하지 않고, 문제를 해결하는 것에만 딱! 집중하겠습니다.

- 목표로 한 양(또는 시간)을 다 풀 때까지 책상에서 일어나지 않겠습니다.

- 빨리 푸는 것보다 집중해서 정확하게 푸는 것이 더 중요함을 기억하겠습니다.

 **4** **최상위 문제! 나도 할 수 있습니다.**

- 매일 '나는 수학을 잘한다, 수학이 만만하다, 수학이 재미있다'라고 생각하겠습니다.

- 모르니까 공부하는 것! 많이 틀렸어도 절대로 실망하거나 자신감을 잃지 않겠습니다.

- 어려워도 포기하지 않고 계속! 도전하겠습니다.

# 차례

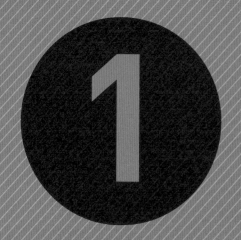

# 1

# 분수의 나눗셈

# 학습기록표

<table>
<tr><td>유형<br>01</td><td>학습일<br>학습평가</td></tr>
</table>

**유형 01** 학습일 / 학습평가

## 등분하여 구하기

| A | 색칠한 부분 |
|---|---|
| B | 수직선 눈금 |

**유형 02** 학습일 / 학습평가

## 분수의 나눗셈의 활용

| A | 나누어 가진 양 |
|---|---|
| B | 몇 배 |
| C | 한 장의 길이 |

**유형 03** 학습일 / 학습평가

## 1단위의 값 활용

| A | 높이, 양 |
|---|---|
| B | 길이, 무게 |
| C | 거리, 시간 |

**유형 04** 학습일 / 학습평가

## 도형에서 분수의 나눗셈의 활용

| A | 한 변의 길이 |
|---|---|
| B | 선분의 길이 |

**유형 05** 학습일 / 학습평가

## 곱셈과 나눗셈의 관계 활용

| A | 모르는 수 |
|---|---|
| B | 바르게 계산 |

**유형 06** 학습일 / 학습평가

## 수카드로 분수의나눗셈식 만들기

| A | 몫이 가장 큰 경우 |
|---|---|
| B | 몫이 가장 작은 경우 |

**유형 07** 학습일 / 학습평가

## 계산 결과가 자연수인 식 만들기

| A | 가장 작은 □의 값 |
|---|---|
| A+ | 가장 큰 □의 값 |

**유형 08** 학습일 / 학습평가

## 실생활에서 분수의 나눗셈의 활용

| A | 물건의 무게 |
|---|---|
| B | 고장난 시계의 시각 |
| C | 일하는 날수 |

**유형 마스터** 학습일 / 학습평가

## 분수의 나눗셈

# 등분하여 구하기

## A  색칠한 부분의 넓이 구하기

B

1  오른쪽 그림은 정육각형을 똑같은 정삼각형 6개로 나눈 것입니다.
정육각형의 넓이가 $16\frac{2}{3}$ cm$^2$일 때,
색칠한 부분의 넓이는 몇 cm$^2$인지 구하세요.

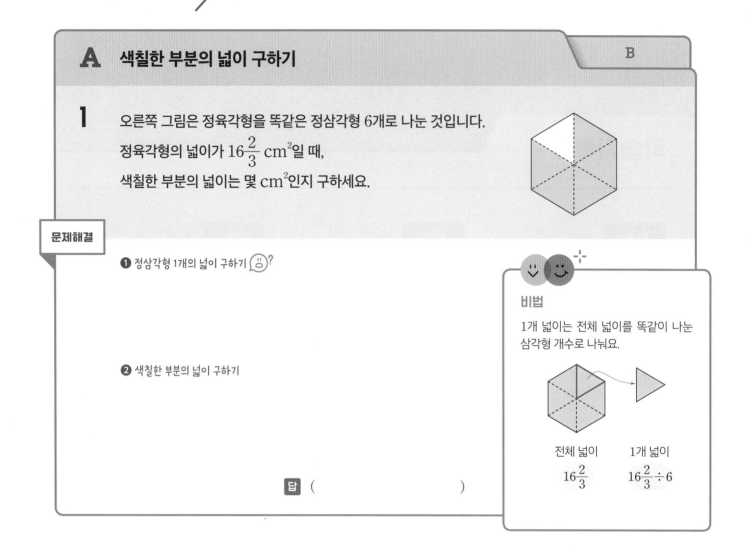

**문제해결**

❶ 정삼각형 1개의 넓이 구하기 ?

❷ 색칠한 부분의 넓이 구하기

**비법**

1개 넓이는 전체 넓이를 똑같이 나눈
삼각형 개수로 나눠요.

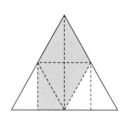

전체 넓이    1개 넓이
$16\frac{2}{3}$    $16\frac{2}{3} \div 6$

답 (                    )

2  오른쪽 그림은 정삼각형을 똑같은 삼각형 8개로 나눈 것입니다. 정삼
각형의 넓이가 $12\frac{4}{7}$ cm$^2$일 때 색칠한 부분의 넓이는 몇 cm$^2$인지
구하세요.

(                    )

3  오른쪽 그림은 직사각형을 똑같은 직사각형 9개로 나눈 것입니다.
색칠한 부분의 넓이는 몇 cm$^2$인지 구하세요.

(                    )

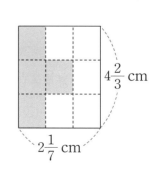

$4\frac{2}{3}$ cm

$2\frac{1}{7}$ cm

## A

## B 수직선에서 나타내는 수 구하기

**4** 수직선에서 ㉠이 나타내는 수를 구하세요.

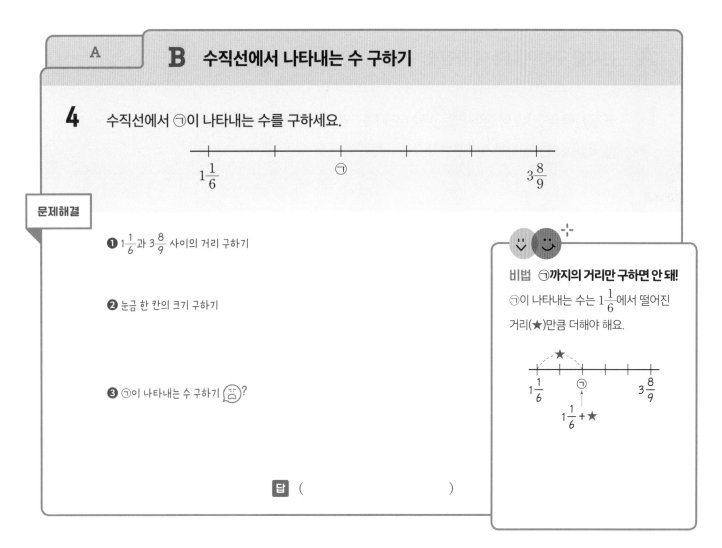

**문제해결**

❶ $1\frac{1}{6}$과 $3\frac{8}{9}$ 사이의 거리 구하기

❷ 눈금 한 칸의 크기 구하기

❸ ㉠이 나타내는 수 구하기 ?

**비법** ㉠까지의 거리만 구하면 안 돼!

㉠이 나타내는 수는 $1\frac{1}{6}$에서 떨어진 거리(★)만큼 더해야 해요.

답 (                    )

**5** 수직선에서 ㉠이 나타내는 수를 구하세요.

(                    )

**6** 수직선에서 ㉠이 나타내는 수를 구하세요.

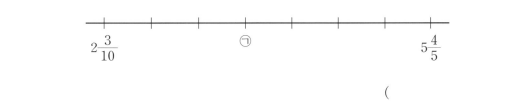

(                    )

## A  전체를 구하여 나누어 가진 양 구하기

B | C

**1** 한 봉지에 $3\frac{3}{4}$ kg씩 들어 있는 설탕 6봉지를 5명이 똑같이 나누어 가졌습니다.
한 사람이 가진 설탕은 몇 kg인지 구하세요.

**문제해결**

❶ 전체 설탕의 무게 구하기 ?

❷ 한 사람이 가진 설탕의 무게 구하기

**비법  전체 양을 구해야 해!**

전체 양을 구하려면 어떤 계산을 해야
하는지 문제에서 찾아야 해요.

" $3\frac{3}{4}$ **kg씩 들어 있는 설탕 6봉지** "

$$3\frac{3}{4} \qquad \times \qquad 6$$

**답** (                    )

**2** 밀가루 $1\frac{2}{3}$ kg과 쌀가루 $\frac{5}{6}$ kg을 섞어 만든 혼합 가루로 똑같은 빵 9개를 만들었습니다. 빵 한
개를 만드는 데 사용한 혼합 가루는 몇 kg인지 구하세요.

(                    )

**3** 병에 주스가 $1\frac{3}{5}$ L 들어 있습니다. 주스를 4명이 똑같이 나누어 마시고 나니 $\frac{2}{5}$ L가 남았습니
다. 한 사람이 마신 주스는 몇 L인지 구하세요.

(                    )

| A | **B** 몇 배인지 구하기 | C |

**4** 쌀통에 백미 5 kg과 현미 3 kg이 들어 있습니다.
여기에 백미 2 kg을 더 넣었다면 쌀통에 들어 있는 백미는 현미의 몇 배인지 구하세요.

**문제해결**

❶ 전체 백미의 양 구하기

❷ 백미는 현미의 몇 배인지 구하기 ?

답 ( )

**비법 나눗셈식으로 바로 구하자!**

'●는 ▲의 ■배'는 ●＝▲×■이므로 곱셈을 먼저 생각한 다음, 곱셈과 나눗셈의 관계를 이용하여 나눗셈식으로 나타내어 구할 수 있어요.

" 백미는 현미의 몇 배 "
↓ ↓ ↓
(백미)＝(현미)×■
(백미)÷(현미)＝■

**5** 지수네 학교의 전체 학생 수는 400명이고 남학생 수는 220명입니다. 지수네 학교의 여학생 수는 남학생 수의 몇 배인지 구하세요.

( )

**6** 동빈이는 무게가 3 kg인 고양이를 안고 몸무게를 재었더니 $45\frac{3}{7}$ kg이었습니다. 동빈이 몸무게는 고양이 무게의 몇 배인지 구하세요.

( )

| A | B | **C** 색 테이프 한 장의 길이 구하기 |

**7** 길이가 같은 색 테이프 3장을 $\dfrac{5}{8}$ cm씩 겹치게 한 줄로 길게 이어 붙였더니 전체 길이가 25 cm가 되었습니다. 색 테이프 한 장의 길이는 몇 cm인지 구하세요.

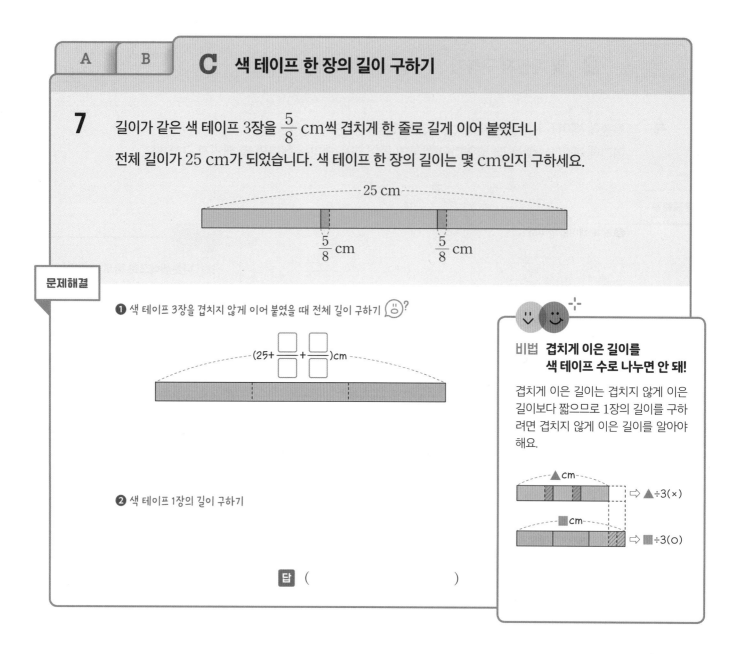

**문제해결**

❶ 색 테이프 3장을 겹치지 않게 이어 붙였을 때 전체 길이 구하기 😊?

(25 + ☐ + ☐) cm

❷ 색 테이프 1장의 길이 구하기

답 (                    )

**비법** 겹치게 이은 길이를 색 테이프 수로 나누면 안 돼!

겹치게 이은 길이는 겹치지 않게 이은 길이보다 짧으므로 1장의 길이를 구하려면 겹치지 않게 이은 길이를 알아야 해요.

▲ cm ⇨ ▲ ÷ 3 (×)

■ cm ⇨ ■ ÷ 3 (○)

**8** 길이가 같은 색 테이프 4장을 $\dfrac{4}{5}$ cm씩 겹치게 한 줄로 길게 이어 붙였더니 전체 길이가 18 cm가 되었습니다. 색 테이프 한 장의 길이는 몇 cm인지 구하세요.

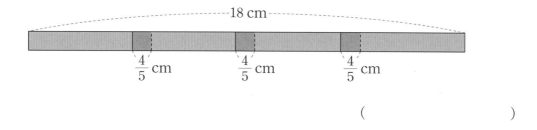

(                    )

**9** 길이가 $8\dfrac{2}{5}$ cm인 색 테이프 4장을 일정한 길이만큼 겹쳐서 한 줄로 길게 이어 붙였더니 전체 길이가 $25\dfrac{7}{10}$ cm가 되었습니다. 몇 cm씩 겹치게 이어 붙였는지 구하세요.

(                    )

# 1단위의 값 활용

## A 높이, 양 구하기

B C

**1** 두께가 일정한 책 8권을 한 줄로 쌓아 올렸더니 높이가 9 cm였습니다.
이 책을 12권 쌓아 올렸을 때의 높이는 몇 cm인지 구하세요.

**문제해결**

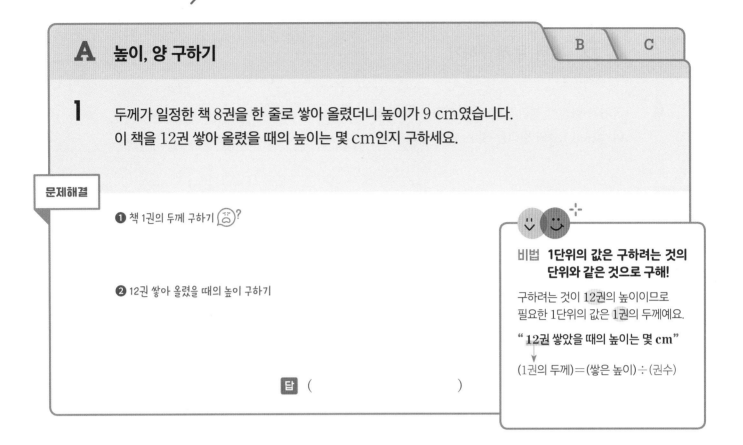

❶ 책 1권의 두께 구하기 😫?

❷ 12권 쌓아 올렸을 때의 높이 구하기

답 (                    )

**비법** **1단위의 값은 구하려는 것의 단위와 같은 것으로 구해!**

구하려는 것이 12권의 높이이므로 필요한 1단위의 값은 1권의 두께예요.

" **12권 쌓았을 때의 높이는 몇 cm**"

(1권의 두께)＝(쌓은 높이)÷(권수)

**2** 높이가 일정한 상자 5개를 한 줄로 쌓아 올렸더니 높이가 $\frac{3}{4}$ m였습니다. 이 상자를 8개 쌓아 올렸을 때의 높이는 몇 m인지 구하세요.

(                    )

**3** 밀가루 6 kg으로 똑같은 식빵 14개를 만들 수 있습니다. 밀가루 9 kg으로는 식빵을 몇 개 만들 수 있는지 구하세요.

(                    )

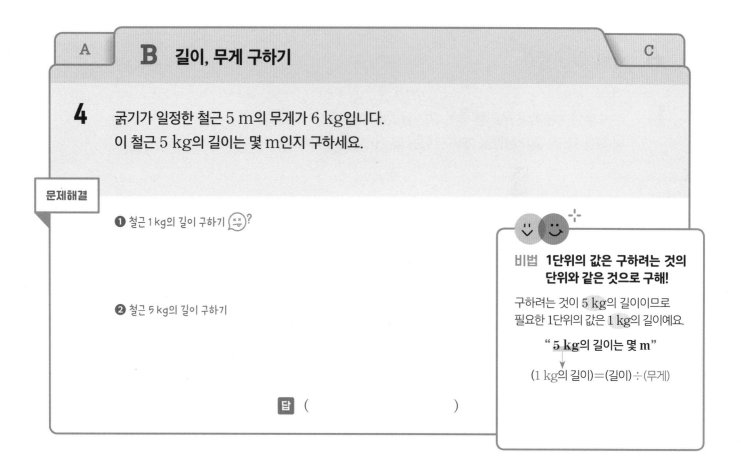

| A | **B** 길이, 무게 구하기 | C |

**4** 굵기가 일정한 철근 5 m의 무게가 6 kg입니다.
이 철근 5 kg의 길이는 몇 m인지 구하세요.

**문제해결**

❶ 철근 1 kg의 길이 구하기 🙂?

❷ 철근 5 kg의 길이 구하기

**비법** **1단위의 값은 구하려는 것의 단위와 같은 것으로 구해!**

구하려는 것이 5 kg의 길이이므로 필요한 1단위의 값은 1 kg의 길이예요.

**" 5 kg의 길이는 몇 m "**

(1 kg의 길이)=(길이)÷(무게)

답 (                    )

**5** 굵기가 일정한 나무 토막 $2\frac{4}{5}$ m의 무게가 4 kg입니다. 이 나무 토막 9 kg의 길이는 몇 m인지 구하세요.

(                    )

**6** 끈 3 m의 무게가 $\frac{9}{20}$ kg입니다. 이 끈 7 m의 무게는 몇 kg인지 구하세요.

(                    )

| A | B | **C 거리, 시간 구하기** |

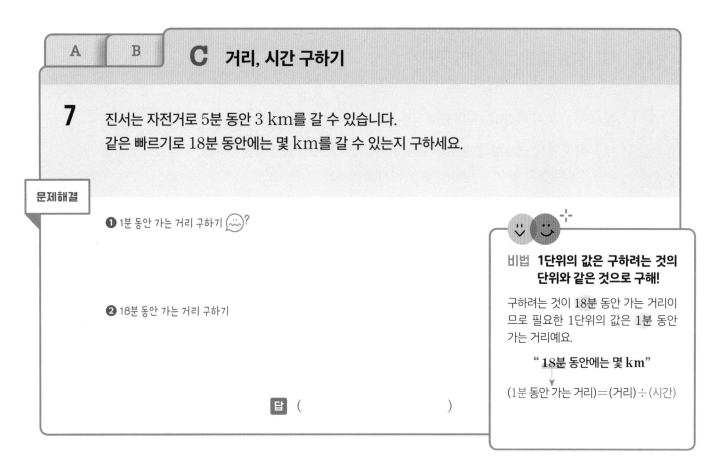

**7** 진서는 자전거로 5분 동안 3 km를 갈 수 있습니다.
같은 빠르기로 18분 동안에는 몇 km를 갈 수 있는지 구하세요.

문제해결

❶ 1분 동안 가는 거리 구하기

❷ 18분 동안 가는 거리 구하기

답 (                    )

비법 **1단위의 값은 구하려는 것의 단위와 같은 것으로 구해!**

구하려는 것이 18분 동안 가는 거리이므로 필요한 1단위의 값은 1분 동안 가는 거리예요.

"**18분 동안에는 몇 km**"

(1분 동안 가는 거리)=(거리)÷(시간)

**8** 영진이는 일정한 빠르기로 3시간 동안 $5\frac{3}{4}$ km를 걷습니다. 같은 빠르기로 4시간 동안에는 몇 km를 걸을 수 있는지 구하세요.

(                    )

**9** 지수는 5 km를 걷는 데 42분이 걸렸습니다. 같은 빠르기로 지수가 3 km를 걷는 데 걸리는 시간은 몇 분인지 구하세요.

(                    )

# 도형에서 분수의 나눗셈의 활용

**A** 정다각형의 한 변의 길이 구하기

B

**1** 철사 $\dfrac{9}{13}$ m를 똑같이 2도막으로 나눈 후

그중 한 도막을 겹치지 않게 모두 사용하여 정삼각형 모양을 만들었습니다.

만든 정삼각형의 한 변의 길이는 몇 m인지 구하세요.

**문제해결**

❶ 정삼각형을 만드는 데 사용한 길이 구하기

❷ 정삼각형의 한 변의 길이 구하기

**비법** 정다각형의 특징을 이용해!

정다각형은 모든 변의 길이가 같아요.

△ □cm ⇨ □=(둘레)÷3

▢ □cm ⇨ □=(둘레)÷4

정다각형에서
(한 변의 길이)=(둘레)÷(변의 수)

답 (                    )

**2** 길이가 14 m인 끈을 겹치지 않게 모두 사용하여 크기가 같은 정사각형 모양을 5개 만들었습니다. 만든 정사각형의 한 변의 길이는 몇 m인지 구하세요.

(                    )

**3** 철사를 겹치지 않게 모두 사용하여 한 변의 길이가 $4\dfrac{2}{3}$ cm인 정오각형을 만들었습니다. 이 철사를 다시 펴서 가장 큰 정육각형 모양으로 만들려고 합니다. 정육각형의 한 변의 길이는 몇 cm로 하면 되는지 구하세요.

(                    )

## A | **B** 넓이를 알 때 선분의 길이 구하기

**4** 오른쪽 삼각형의 넓이는 $18\frac{2}{3}$ cm²입니다.

밑변이 6 cm일 때 높이는 몇 cm인지 구하세요.

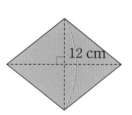

6 cm

**문제해결**

❶ 삼각형의 넓이 구하는 식 완성하기

(삼각형의 넓이) = (밑변) × ( ⬚ ) ÷ ⬚

❷ 높이 구하기 ?

**비법 넓이 구하는 식을 바꿔 봐!**

삼각형의 넓이를 구하는 식에서 밑변과 높이를 구하는 식을 만들어 봐요.
(밑변) × (높이) ÷ 2 = (삼각형의 넓이)
(밑변) × (높이) = (삼각형의 넓이) × 2

(밑변)
= (삼각형의 넓이) × 2 ÷ (높이)
(높이)
= (삼각형의 넓이) × 2 ÷ (밑변)

답 ( )

**5** 오른쪽 마름모의 넓이가 93 cm²이고 한 대각선의 길이가 12 cm일

때, 다른 대각선의 길이는 몇 cm인지 구하세요.

( )

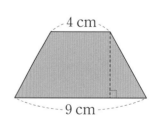

12 cm

**6** 오른쪽 사다리꼴의 넓이가 $28\frac{1}{6}$ cm²일 때, 높이는 몇 cm인지

구하세요.

( )

4 cm

9 cm

# 곱셈과 나눗셈의 관계 활용

## A  모르는 수 구하기

B

**1**  ㉡에 알맞은 수를 구하세요.

$$㉠\times8=\frac{6}{11} \qquad ㉠\div6=㉡$$

**문제해결**

❶ ㉠에 알맞은 수 구하기

❷ ㉡에 알맞은 수 구하기

**답** (                    )

**비법**
**곱셈과 나눗셈의 관계를 이용해!**

분수, 소수일 때에도
곱셈과 나눗셈의 관계는
항상 성립해요.

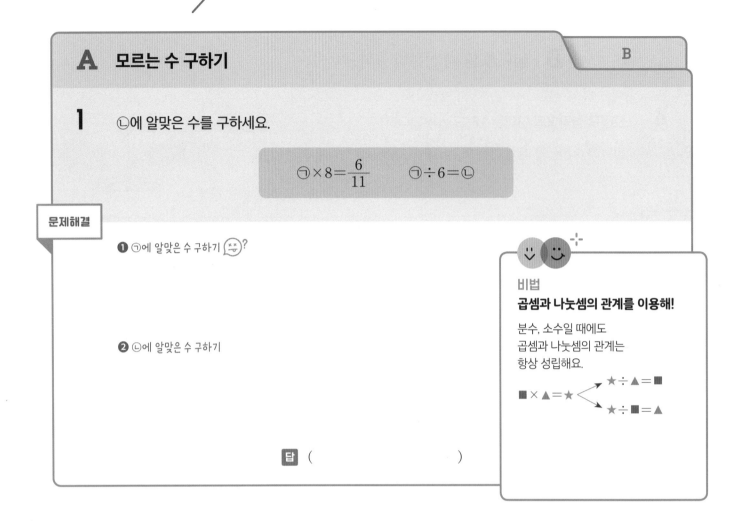

$$■\times▲=★ \Big\langle \begin{array}{l} ★\div▲=■ \\ ★\div■=▲ \end{array}$$

**2**  ㉡에 알맞은 수를 구하세요.

$$15\div㉠=8 \qquad 7\times㉡=㉠$$

(                    )

**3**  ㉠과 ㉡에 알맞은 수의 합을 구하세요.

$$9\times㉠=4 \qquad \frac{4}{5}\div㉡=6$$

(                    )

| A | **B** 바르게 계산하기 |

**4** 어떤 수를 6으로 나누어야 할 것을 잘못하여 곱했더니 $\dfrac{9}{10}$가 되었습니다.
바르게 계산하면 얼마인지 구하세요.

문제해결

❶ 어떤 수 구하기 ?

❷ 바르게 계산한 값 구하기

답 (                    )

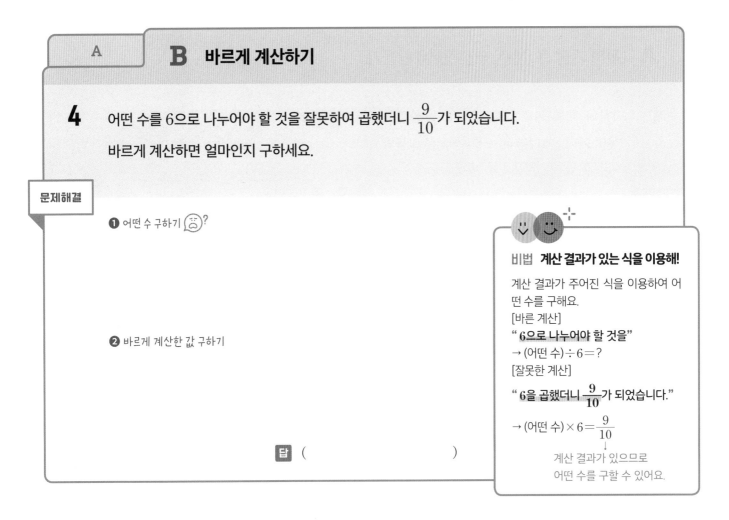

비법 **계산 결과가 있는 식을 이용해!**

계산 결과가 주어진 식을 이용하여 어떤 수를 구해요.
[바른 계산]
"**6으로 나누어야 할 것을**"
→ (어떤 수)÷6=?
[잘못한 계산]
"**6을 곱했더니** $\dfrac{9}{10}$가 되었습니다."
→ (어떤 수)×6=$\dfrac{9}{10}$
↓
계산 결과가 있으므로
어떤 수를 구할 수 있어요.

**5** 어떤 수를 9로 나누어야 할 것을 잘못하여 6으로 나누었더니 4가 되었습니다. 바르게 계산하면
얼마인지 구하세요.

(                    )

**6** $\dfrac{4}{11}$에 어떤 수를 곱해야 할 것을 잘못하여 어떤 수로 나누었더니 8이 되었습니다. 바르게 계산하
면 얼마인지 구하세요.

(                    )

# 수 카드로 분수의 나눗셈식 만들기

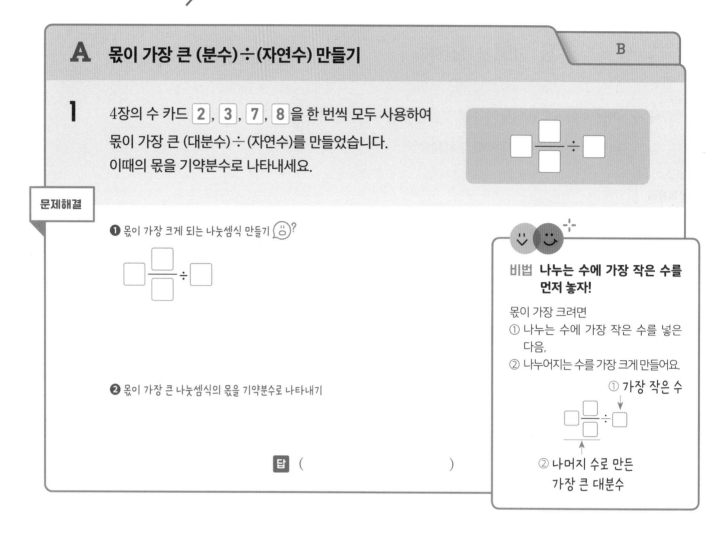

**A** 몫이 가장 큰 (분수)÷(자연수) 만들기

**B**

**1** 4장의 수 카드 2, 3, 7, 8 을 한 번씩 모두 사용하여 몫이 가장 큰 (대분수)÷(자연수)를 만들었습니다. 이때의 몫을 기약분수로 나타내세요.

**문제해결**

❶ 몫이 가장 크게 되는 나눗셈식 만들기 ?

❷ 몫이 가장 큰 나눗셈식의 몫을 기약분수로 나타내기

답 (                    )

**비법 나누는 수에 가장 작은 수를 먼저 놓자!**

몫이 가장 크려면
① 나누는 수에 가장 작은 수를 넣은 다음,
② 나누어지는 수를 가장 크게 만들어요.

① 가장 작은 수

② 나머지 수로 만든 가장 큰 대분수

**2** 4장의 수 카드 4, 5, 7, 9 를 한 번씩 모두 사용하여 몫이 가장 큰 (대분수)÷(자연수)를 만들고, 이때의 몫을 기약분수로 나타내세요.

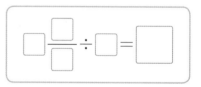

**3** 4장의 수 카드 3, 5, 7, 8 중에서 3장을 골라 한 번씩 모두 사용하여 몫이 가장 큰 (분수)÷(자연수)를 만들고, 이때의 몫을 기약분수로 나타내세요.

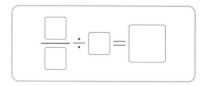

**A**

## B 몫이 가장 작은 (분수)÷(자연수) 만들기

**4** 4장의 수 카드 1, 3, 5, 7 을 한 번씩 모두 사용하여
몫이 가장 작은 (대분수)÷(자연수)를 만들었습니다.
이때의 몫을 기약분수로 나타내세요.

**문제해결**

❶ 몫이 가장 작게 되는 나눗셈식 만들기 ☺?

❷ 몫이 가장 작은 나눗셈식의 몫을 기약분수로 나타내기

답 (                    )

> **비법** 나누는 수에 가장 큰 수를 먼저 놓자!
>
> 몫이 가장 작으려면
> ① 나누는 수에 가장 큰 수를 넣은 다음,
> ② 나누어지는 수를 가장 작게 만들어요.
>
> ① 가장 큰 수
>
> ② 나머지 수로 만든 가장 작은 대분수

**5** 4장의 수 카드 8, 5, 3, 9 를 한 번씩 모두 사용하여
몫이 가장 작은 (대분수)÷(자연수)를 만들고, 이때의 몫을
기약분수로 나타내세요.

**6** 4장의 수 카드 2, 4, 5, 7 중에서 3장을 골라 한 번
씩 모두 사용하여 몫이 가장 작은 (분수)÷(자연수)를 만들
고, 이때의 몫을 기약분수로 나타내세요.

# 계산 결과가 자연수인 식 만들기

## A  계산 결과가 자연수일 때 가장 작은 □의 값 구하기

A+

**1** 다음 식의 계산 결과가 자연수일 때 ■ 안에 들어갈 수 있는 가장 작은 자연수를 구하세요.

$$3\frac{1}{3} \div 5 \times \blacksquare$$

**문제해결**

❶ 주어진 식을 간단히 나타내기

$$3\frac{1}{3} \div 5 \times \blacksquare = \frac{\boxed{\phantom{0}}}{\boxed{\phantom{0}}} \times \blacksquare$$

❷ ❶의 계산 결과가 자연수가 되게 하는 ■의 값 구하기 😊?

❸ ■ 안에 들어갈 수 있는 가장 작은 자연수 구하기

답 (                          )

**비법  약분했을 때 분모가 1이 되어야 해!**

분수의 곱셈에서 계산 결과가 자연수가 되려면 분모가 1이 되도록 약분되어야 해요.

예 $\frac{3}{7} \times \boxed{\phantom{0}} \rightarrow \frac{3}{7} \times \boxed{\frac{1}{7}}$

$$\frac{3}{7} \times \boxed{\frac{2}{14}}$$

⇨ □는 분모 7의 **배수**입니다.

**2** 다음 식의 계산 결과가 자연수일 때 □ 안에 들어갈 수 있는 가장 작은 자연수를 구하세요.

$$2\frac{6}{7} \times \square \div 20$$

(                          )

**3** 다음 식의 계산 결과가 자연수일 때 □ 안에 들어갈 수 있는 가장 작은 자연수를 구하세요.

$$\square \div 6 \times 1\frac{3}{5}$$

(                          )

## A

## A+ 계산 결과가 자연수일 때 가장 큰 □의 값 구하기

**4** 다음 식의 계산 결과가 자연수일 때 ■ 안에 들어갈 수 있는 가장 큰 자연수를 구하세요.

$$8\frac{■}{11} \div 7 \times 22$$

**문제해결**

❶ 주어진 식을 간단히 나타내기

$$8\frac{■}{11} \div 7 \times 22 = \frac{\boxed{\phantom{0}}+■}{\boxed{\phantom{0}}} \times \boxed{\phantom{0}}$$

❷ ❶의 계산 결과가 자연수가 되게 하는 ■의 값 구하기

❸ ■ 안에 들어갈 수 있는 자연수 중에서 가장 큰 수 구하기 😖?

답 (              )

**비법 ■의 범위를 찾아야 해!**

$8\frac{■}{11}$는 대분수예요.

대분수는 자연수와 진분수의 합이므로

$\frac{■}{11}$는 진분수가 되어야 해요.

$$8\boxed{\frac{■}{11}}$$

$\frac{■}{11}$는 진분수이므로

■ < 11입니다.

**5** 다음 식의 계산 결과가 자연수일 때 □ 안에 들어갈 수 있는 가장 큰 자연수를 구하세요.

$$21 \times 3\frac{□}{14} \div 2$$

(              )

**6** 다음 식의 계산 결과가 자연수일 때 □ 안에 들어갈 수 있는 가장 큰 자연수를 구하세요.

$$24 \div 5 \times 3\frac{□}{8}$$

(              )

# 실생활에서 분수의 나눗셈의 활용

## A 물건의 무게 구하기

B C

**1** 멜론 3통이 들어 있는 상자의 무게가 $6\frac{5}{6}$ kg입니다.

빈 상자의 무게가 $\frac{3}{4}$ kg일 때 멜론 8통의 무게는 몇 kg인지 구하세요.

(단, 멜론 한 통의 무게는 모두 같습니다.)

**문제해결**

❶ 멜론 1통의 무게 구하기 😐?

❷ 멜론 8통의 무게 구하기

**비법 멜론만의 무게를 구해야 해!**

"멜론 **3통**이 든 상자 무게가 $6\frac{5}{6}$ **kg**"

⇨ $6\frac{5}{6} \div 3$ (취소선)

$6\frac{5}{6}$ kg＝(멜론 3통)＋(상자)이므로 나눗셈을 바로 하면 안 돼요.

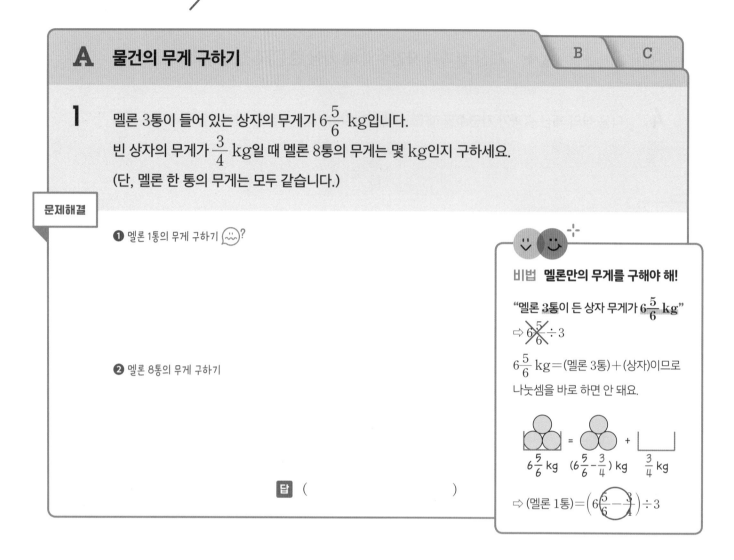

$6\frac{5}{6}$ kg   $(6\frac{5}{6}-\frac{3}{4})$ kg   $\frac{3}{4}$ kg

⇨ (멜론 1통)＝$\left(6\frac{5}{6}-\frac{3}{4}\right) \div 3$

답 ( )

**2** 빵 9개가 들어 있는 상자의 무게가 $2\frac{1}{4}$ kg입니다. 빈 상자의 무게가 $\frac{3}{8}$ kg일 때 빵 15개의 무게는 몇 kg인지 구하세요.(단, 빵 한 개의 무게는 모두 같습니다.)

( )

**3** 똑같은 초콜릿이 15개씩 들어 있는 상자 5개의 무게가 $5\frac{3}{8}$ kg입니다. 빈 상자 한 개의 무게가 $\frac{2}{5}$ kg일 때 초콜릿 한 개의 무게는 몇 kg인지 구하세요.

( )

| A | **B** 고장 난 시계의 시각 구하기 | C |

**4** 3일에 10분씩 느려지는 시계를 어느 날 오전 10시에 정확히 맞추어 놓았습니다.
다음 날 오전 10시에 이 시계는 몇 시 몇 분 몇 초를 가리키는지 구하세요.

문제해결

❶ 하루에 느려지는 시간은 몇 분 몇 초인지 구하기 😟?

비법  **1분=60초를 이용해!**

분을 초로 나타낼 때에는 60을 곱해요.

예) $3분 = (3 \times 60)초$

$0.3분 = (0.3 \times 60)초$

$\frac{1}{3}분 = (\frac{1}{3} \times 60)초$

❷ 다음 날 오전 10시에 시계가 가리키는 시각 구하기

답  오전 (                              )

**5** 4일에 17분씩 느려지는 시계를 어느 날 오후 6시에 정확히 맞추어 놓았습니다. 다음 날 오후 6시에 이 시계는 몇 시 몇 분 몇 초를 가리키는지 구하세요.

오후 (                              )

정확한 시각보다 더 많이 간 시각을 가리키므로 시간의 덧셈을 해요.

**6** 5일에 $5\frac{5}{6}$분씩 빨라지는 시계를 월요일 오전 7시에 정확히 맞추어 놓았습니다. 같은 주 목요일 오전 7시에 이 시계는 몇 시 몇 분 몇 초를 가리키는지 구하세요.

오전 (                              )

| A | B | **C 일을 끝내는 데 걸리는 날수 구하기** |

**7** 어떤 일을 지현이가 혼자서 하면 다 하는 데 12일이 걸리고,

아람이가 4일 동안 혼자서 하면 전체의 $\frac{2}{3}$를 할 수 있습니다.

이 일을 지현이와 아람이가 함께 한다면 일을 끝내는 데 며칠이 걸리는지 구하세요.
(단, 두 사람이 하루 동안 하는 일의 양은 각각 일정합니다.)

**문제해결**

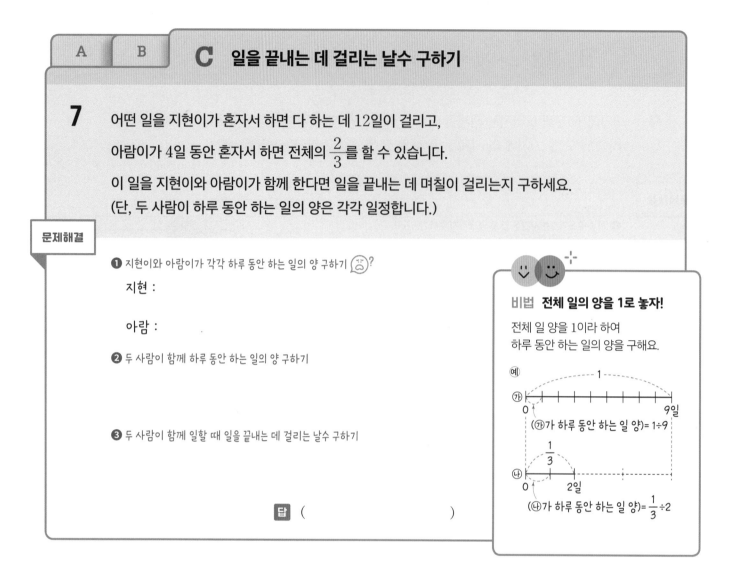

❶ 지현이와 아람이가 각각 하루 동안 하는 일의 양 구하기 😕?

　지현 :

　아람 :

❷ 두 사람이 함께 하루 동안 하는 일의 양 구하기

❸ 두 사람이 함께 일할 때 일을 끝내는 데 걸리는 날수 구하기

답 (　　　　　　　　　　)

비법　**전체 일의 양을 1로 놓자!**

전체 일 양을 1이라 하여
하루 동안 하는 일의 양을 구해요.

(예)

⑦ ── 1 ── 9일
(⑦가 하루 동안 하는 일 양)= 1÷9

⑭ 0 ── 2일
$\frac{1}{3}$
(⑭가 하루 동안 하는 일 양)= $\frac{1}{3}$÷2

**8** 어떤 일을 형이 혼자서 하면 전체의 $\frac{3}{4}$을 하는 데 6일이 걸리고, 동생이 혼자서 하면 전체의 $\frac{5}{8}$를 하는 데 15일이 걸립니다. 이 일을 형과 동생이 함께 한다면 일을 끝내는 데 며칠이 걸리는지 구하세요.(단, 두 사람이 하루 동안 하는 일의 양은 각각 일정합니다.)

(　　　　　　　　　　)

**9** 빈 물탱크에 물을 채우는 데 ⑦ 수도만 틀면 전체의 $\frac{5}{12}$를 15분 만에 채우고, ⑦ 수도와 ⑭ 수도를 동시에 틀면 9분 만에 가득 채웁니다. ⑭ 수도만 틀었을 때 빈 물탱크에 물을 가득 채우는 데 걸리는 시간은 몇 분인지 구하세요.(단, 두 수도에서 1분 동안 나오는 물의 양은 각각 일정합니다.)

(　　　　　　　　　　)

**01**

🔗 유형 01 **B**

수직선에서 ㉠이 나타내는 수를 구하세요.

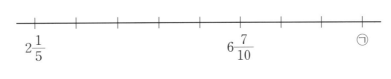

(                    )

**02**

🔗 유형 02 **A**

주미네 가족은 30일 동안 한 자루에 $8\frac{2}{5}$ kg씩 들어 있는 쌀을 3자루 먹었습니다. 매일 똑같은 양을 먹었다면 주미네 가족이 하루에 먹은 쌀은 몇 kg인지 구하세요.

(                    )

**03**

🔗 유형 05 **B**

어떤 수를 6으로 나누어야 할 것을 잘못하여 곱했더니 $3\frac{3}{4}$이 되었습니다. 바르게 계산하면 얼마인지 구하세요.

(                    )

**04**

유형 04 **B**

오른쪽 삼각형에서 □ 안에 알맞은 수를 구하세요.

(                    )

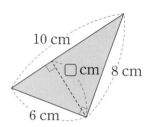

10 cm

□ cm   8 cm

6 cm

**05**

유형 06 **A+B**

4장의 수 카드 2, 5, 4, 9를 한 번씩 모두 사용하여 (대분수)÷(자연수)를 만들려고 합니다. 만들 수 있는 나눗셈식의 몫이 가장 클 때와 가장 작을 때의 몫을 각각 구하세요.

가장 클 때 (                    )

가장 작을 때 (                    )

**06**

유형 08 **A**

무게가 똑같은 배추 3포기가 들어 있는 상자 4개의 무게가 45 kg입니다. 빈 상자 한 개의 무게가 1.5 kg일 때 배추 1포기의 무게는 몇 kg인지 구하세요.

(                    )

**07** 오른쪽 그림은 직사각형 ㄱㄴㄷㄹ을 똑같은 정사각형 여러 개로 나눈 것입니다. 직사각형 ㄱㄴㄷㄹ의 넓이가 $20\frac{2}{5}$ cm²일 때 색칠한 부분의 넓이는 몇 cm²인지 구하세요.

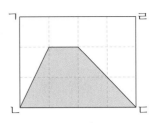

(                    )

**08** 재용이와 동하는 같은 장소에서 동시에 출발하여 서로 같은 방향으로 가고 있습니다. 재용이는 15분 동안 $\frac{5}{8}$ km를 걷고, 동하는 8분 동안 $\frac{2}{3}$ km를 걷습니다. 재용이와 동하가 출발한 지 12분이 지났을 때 두 사람 사이의 거리는 몇 km가 되는지 구하세요.(단, 두 사람이 1분 동안 걷는 거리는 각각 일정합니다.)

(                    )

**09** 어떤 일을 지우가 혼자서 하면 전체의 $\frac{1}{3}$을 5시간 만에 하고, 나머지를 재민이 혼자서 하면 15시간 만에 끝낼 수 있습니다. 이 일을 지우와 재민이가 처음부터 함께 한다면 몇 시간 만에 끝낼 수 있는지 구하세요.(단, 두 사람이 1시간 동안 하는 일의 양은 각각 일정합니다.)

유형 08 ⓒ

(                    )

# 각기둥과 각뿔

# 학습기록표

## 유형 01
학습일

학습평가

### 각기둥과 각뿔의 구성 요소의 수

| A | 밑면 이용 |
|---|---|
| B | 각기둥의 조건 이용 |
| C | 각뿔의 조건 이용 |
| B+C | 구성 요소의 관계 이용 |

## 유형 02
학습일

학습평가

### 모든 모서리의 길이의 합

| A | 입체도형 |
|---|---|
| A+ | 전개도 |
| A++ | 한 모서리의 길이 |

## 유형 03
학습일

학습평가

### 각기둥의 전개도에서 밑면과 옆면의 관계

| A | 옆면의 세로 |
|---|---|
| A+ | 각기둥의 높이 |

## 유형 04
학습일

학습평가

### 각기둥의 면 위에 선이 지나간 자리

| A | 각기둥에 그은 선 |
|---|---|
| B | 상자를 둘러싼 끈 |

## 유형 05
학습일

학습평가

### 자른 입체도형의 구성 요소의 수

| A | 삼각뿔 모양 잘라 내기 |
|---|---|
| B | 색칠한 면 따라 자르기 |

## 유형 마스터
학습일

학습평가

### 각기둥과 각뿔

# 각기둥과 각뿔의 구성 요소의 수

**A** 밑면을 보고 각기둥과 각뿔의 구성 요소의 수 구하기    B    C    B+C

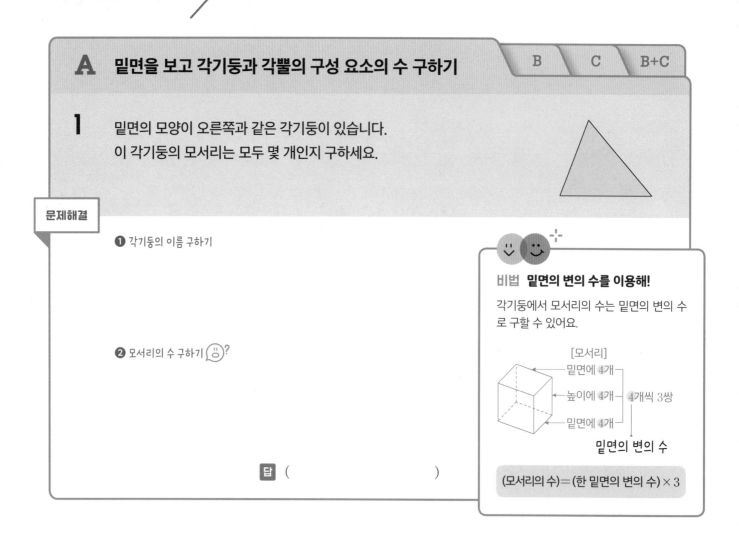

**1** 밑면의 모양이 오른쪽과 같은 각기둥이 있습니다.
이 각기둥의 모서리는 모두 몇 개인지 구하세요.

문제해결

❶ 각기둥의 이름 구하기

❷ 모서리의 수 구하기

**비법 밑면의 변의 수를 이용해!**
각기둥에서 모서리의 수는 밑면의 변의 수
로 구할 수 있어요.

[모서리]
밑면에 4개
높이에 4개     4개씩 3쌍
밑면에 4개

밑면의 변의 수

(모서리의 수)=(한 밑면의 변의 수)×3

답 (                    )

**2** 밑면의 모양이 오른쪽과 같은 각기둥이 있습니다. 이 각기둥의 꼭짓점은
모두 몇 개인지 구하세요.

(                    )

각뿔은 밑면이 1개예요.

**3** 밑면의 모양이 오른쪽과 같은 각뿔이 있습니다. 이 각뿔의 면의 수와 모서리
의 수의 합은 몇 개인지 구하세요.

(                    )

| A | **B** 조건에 맞는 입체도형의 구성 요소의 수 구하기 ① | C | B+C |

**4** 밑면과 옆면이 수직으로 만나고 면이 모두 9개인 입체도형이 있습니다.
이 입체도형의 모서리는 모두 몇 개인지 구하세요.

**문제해결**

❶ 각기둥인지, 각뿔인지 알기 ?

❷ 입체도형의 한 밑면의 변의 수와 이름 구하기

❸ 입체도형의 모서리의 수 구하기

비법  **각기둥과 각뿔을 구분해!**

각기둥과 각뿔을 비교해 보고 주어진 조건으로 각기둥인지, 각뿔인지 찾아봐요.

" 밑면과 옆면이 수직으로 만나고"

| | 각기둥 | 각뿔 |
|---|---|---|
| 밑면 | 다각형 | 다각형 |
| | 2개 | 1개 |
| 옆면 | 직사각형 | 삼각형 |
| | 밑면의 변의 수 | 밑면의 변의 수 |
| 밑면과 옆면 | 수직으로 만나요. | 옆면이 모두 각뿔의 꼭짓점에서 만나요. |

↓

각기둥

답 (                    )

**5** 합동인 밑면이 2개이고 옆면이 모두 직사각형으로 이루어진 입체도형이 있습니다. 이 입체도형의 꼭짓점이 12개일 때 면은 모두 몇 개인지 구하세요.

(                    )

**6** 다음에서 설명하는 입체도형의 꼭짓점은 모두 몇 개인지 구하세요.

- 밑면이 2개이고 서로 합동입니다.
- 옆면은 모두 직사각형입니다.
- 모서리는 모두 24개입니다.

(                    )

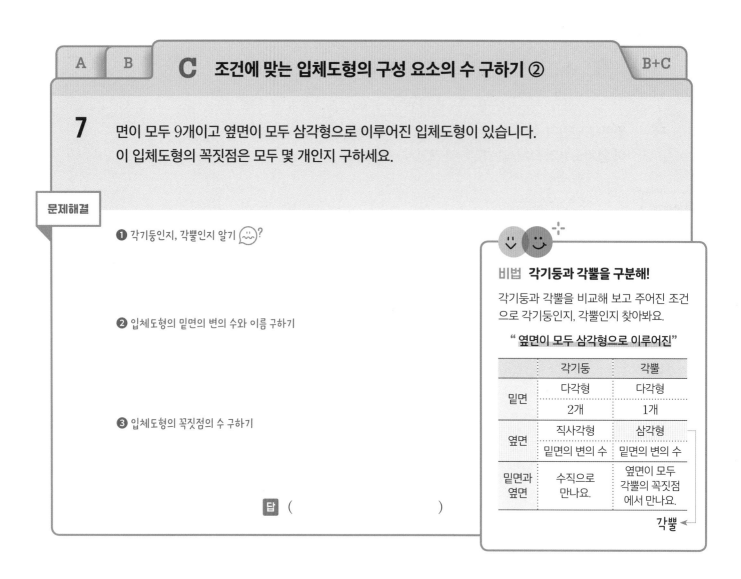

A  B  **C** 조건에 맞는 입체도형의 구성 요소의 수 구하기 ② B+C

**7** 면이 모두 9개이고 옆면이 모두 삼각형으로 이루어진 입체도형이 있습니다.
이 입체도형의 꼭짓점은 모두 몇 개인지 구하세요.

**문제해결**

❶ 각기둥인지, 각뿔인지 알기 ?

❷ 입체도형의 밑면의 변의 수와 이름 구하기

❸ 입체도형의 꼭짓점의 수 구하기

답 (                    )

**비법 각기둥과 각뿔을 구분해!**

각기둥과 각뿔을 비교해 보고 주어진 조건
으로 각기둥인지, 각뿔인지 찾아봐요.

" 옆면이 모두 삼각형으로 이루어진"

|  | 각기둥 | 각뿔 |
|---|---|---|
| 밑면 | 다각형 | 다각형 |
|  | 2개 | 1개 |
| 옆면 | 직사각형 | 삼각형 |
|  | 밑면의 변의 수 | 밑면의 변의 수 |
| 밑면과 옆면 | 수직으로 만나요. | 옆면이 모두 각뿔의 꼭짓점 에서 만나요. |

각뿔

**8** 옆면의 모양이 모두 삼각형이고 꼭짓점의 수가 10개인 입체도형이 있습니다. 이 입체도형의 모
서리는 모두 몇 개인지 구하세요.

(                    )

**9** 옆면이 모두 7개이고 옆면의 모양이 모두 삼각형인 입체도형이 있습니다. 이 입체도형의 면의 수
와 모서리의 수의 합은 모두 몇 개인지 구하세요.

(                    )

| A | B | C | **B+C** 구성 요소의 관계를 이용하여 구하기 |

## 10 다음 조건을 만족하는 각기둥이 있습니다. 이 각기둥의 면은 모두 몇 개인지 구하세요.

$$(꼭짓점의 수)+(모서리의 수)=25$$

**문제해결**

❶ 각기둥의 한 밑면의 변의 수를 ■라 할 때 주어진 식을 ■를 사용하여 나타내기

■× ☐ +■× ☐ =25

❷ 각기둥의 한 밑면의 변의 수와 이름 구하기

❸ 각기둥의 면의 수 구하기

답 (                    )

**비법  기준은 밑면의 변의 수!**

입체도형의 구성 요소의 수를
■를 이용하여 나타낼 수 있어요.

|  | 밑면의 변의 수 | 면 | 꼭짓점 | 모서리 |
|---|---|---|---|---|
| ■각기둥 | ■ | ■+2 | ■×2 | ■×3 |
| ■각뿔 | ■ | ■+1 | ■+1 | ■×2 |

## 11 다음 조건을 만족하는 각뿔이 있습니다. 이 각뿔의 모서리는 모두 몇 개인지 구하세요.

$$(면의 수)+(꼭짓점의 수)=22$$

(                    )

## 12 면의 수와 모서리의 수의 합이 25개인 각뿔이 있습니다. 이 각뿔의 꼭짓점은 모두 몇 개인지 구하세요.

(                    )

# 모든 모서리의 길이의 합

## A 입체도형을 보고 모든 모서리의 길이의 합 구하기

A+ A++

**1** 오른쪽 각기둥의 모든 모서리의 길이의 합은 몇 cm인지 구하세요.

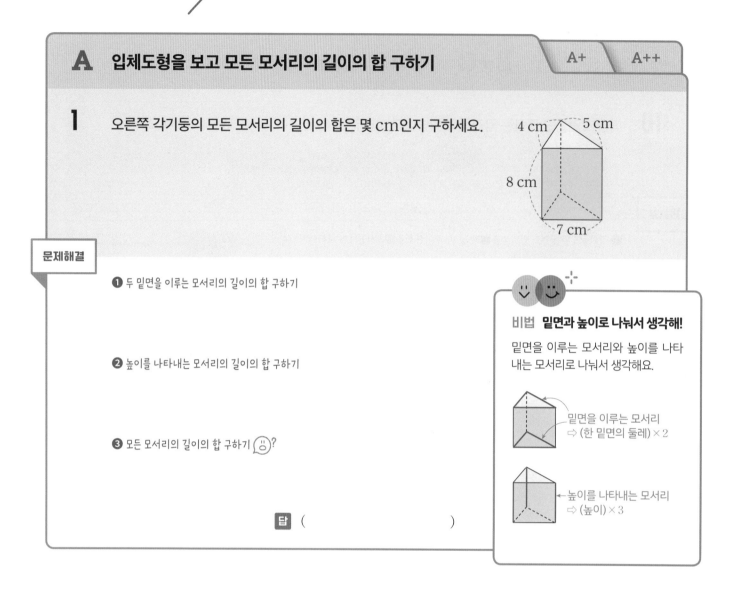

**문제해결**

❶ 두 밑면을 이루는 모서리의 길이의 합 구하기

❷ 높이를 나타내는 모서리의 길이의 합 구하기

❸ 모든 모서리의 길이의 합 구하기 ?

답 (                    )

**비법 밑면과 높이로 나눠서 생각해!**

밑면을 이루는 모서리와 높이를 나타
내는 모서리로 나눠서 생각해요.

밑면을 이루는 모서리
⇨ (한 밑면의 둘레)×2

높이를 나타내는 모서리
⇨ (높이)×3

**2** 오른쪽 각기둥의 모든 모서리의 길이의 합은 몇 cm인지 구하세요.

(                    )

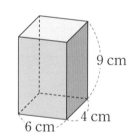

**3** 오른쪽 각뿔은 밑면이 정사각형이고, 옆면이 모두 합동입니다. 이 각뿔
의 모든 모서리의 길이의 합은 몇 cm인지 구하세요.

(                    )

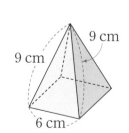

| A | **A+** 전개도를 보고 모든 모서리의 길이의 합 구하기 | A++ |

**4** 오른쪽 전개도를 접어 삼각기둥을 만들었을 때, 모든 모서리의 길이의 합은 몇 cm인지 구하세요.

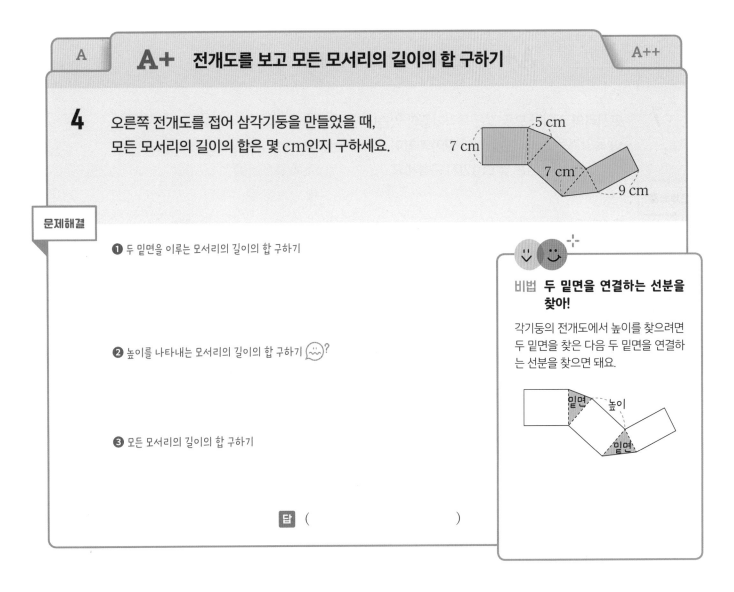

문제해결

❶ 두 밑면을 이루는 모서리의 길이의 합 구하기

❷ 높이를 나타내는 모서리의 길이의 합 구하기 ?

❸ 모든 모서리의 길이의 합 구하기

답 (                    )

> 비법 **두 밑면을 연결하는 선분을 찾아!**
>
> 각기둥의 전개도에서 높이를 찾으려면 두 밑면을 찾은 다음 두 밑면을 연결하는 선분을 찾으면 돼요.

**5** 밑면이 정오각형인 오른쪽 전개도를 접어 오각기둥을 만들었을 때, 모든 모서리의 길이의 합은 몇 cm인지 구하세요.

(                    )

**6** 옆면이 오른쪽과 같은 삼각형 6개로 이루어진 각뿔이 있습니다. 이 각뿔의 모든 모서리의 길이의 합은 몇 cm인지 구하세요.

(                    )

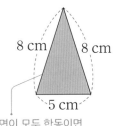

8 cm    8 cm

5 cm

옆면이 모두 합동이면 각뿔의 밑면은 정다각형이에요.

| A | A+ |
|---|---|

## A++ 한 모서리의 길이 구하기

**7** 모서리의 길이가 모두 같은 육각기둥이 있습니다.
이 육각기둥의 모든 모서리의 길이의 합이 198 cm일 때,
한 모서리의 길이는 몇 cm인지 구하세요.

문제해결

❶ 육각기둥의 모서리의 수 구하기 ?

❷ 한 모서리의 길이 구하기

답 (                          )

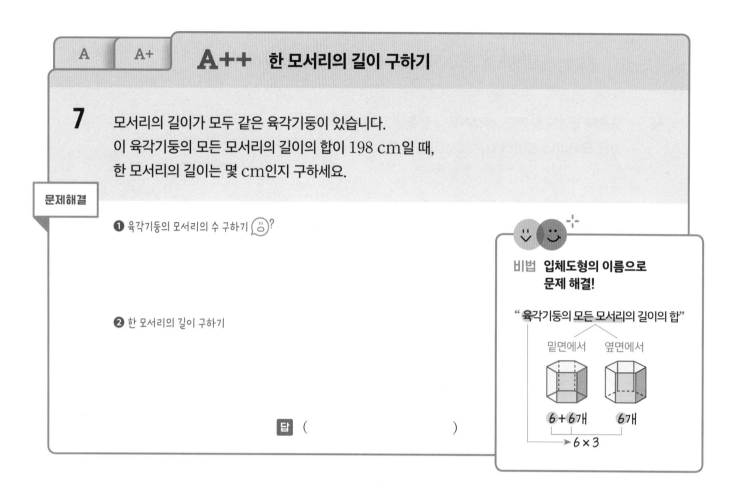

비법 **입체도형의 이름으로
문제 해결!**

" 육각기둥의 모든 모서리의 길이의 합"

밑면에서        옆면에서

6+6개          6개

6×3

**8** 모서리의 길이가 모두 같은 팔각기둥이 있습니다. 이 팔각기둥의 모든 모서리의 길이의 합이
144 cm일 때, 한 모서리의 길이는 몇 cm인지 구하세요.

(                          )

**9** 오른쪽과 같은 정삼각형 4개로 이루어진 각뿔이 있습니다. 이 각뿔의 모
든 모서리의 길이의 합이 114 cm일 때, □ 안에 알맞은 수를 구하세요.

(                          )

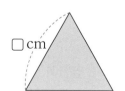

□ cm

# 각기둥의 전개도에서 밑면과 옆면의 관계

## A 옆면의 넓이를 이용하여 길이 구하기

A+

**1** 오른쪽 사각기둥의 전개도에서
직사각형 ㄱㄴㄷㄹ의 넓이는 308 cm²입니다.
선분 ㄱㄴ의 길이는 몇 cm인지 구하세요.

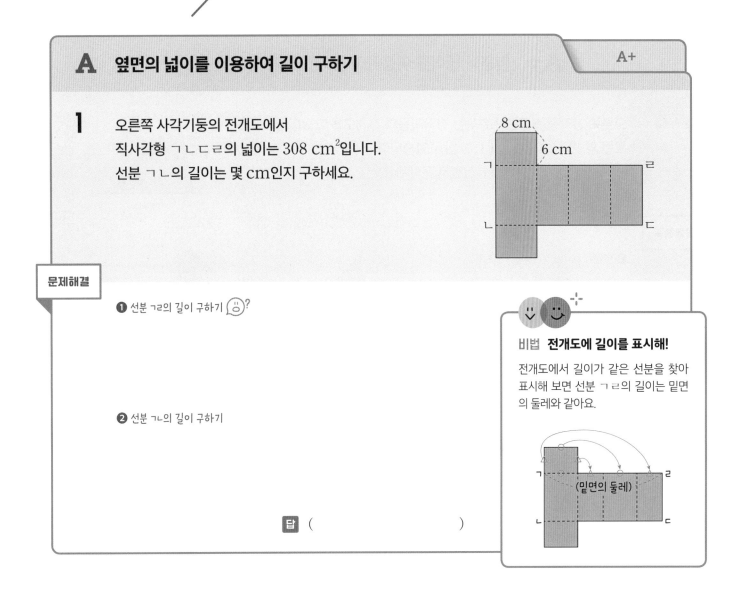

**문제해결**

❶ 선분 ㄱㄹ의 길이 구하기 😊?

❷ 선분 ㄱㄴ의 길이 구하기

**비법** **전개도에 길이를 표시해!**

전개도에서 길이가 같은 선분을 찾아 표시해 보면 선분 ㄱㄹ의 길이는 밑면의 둘레와 같아요.

답 (                    )

**2** 오른쪽 사각기둥의 전개도에서 직사각형 ㄱㄴㄷㄹ의 넓이는 228 cm²입니다. 선분 ㄱㄴ의 길이는 몇 cm인지 구하세요.

(                    )

**3** 오른쪽 육각기둥의 전개도에서 밑면이 정육각형이고 직사각형 ㄱㄴㄷㄹ의 둘레가 104 cm입니다. 선분 ㄹㄷ의 길이는 몇 cm인지 구하세요.

(                    )

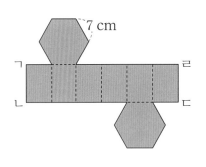

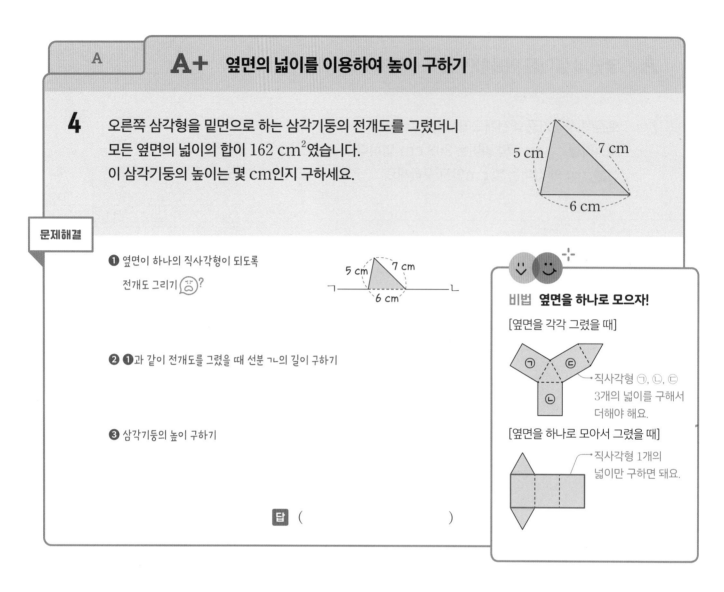

A

**A+   옆면의 넓이를 이용하여 높이 구하기**

**4**  오른쪽 삼각형을 밑면으로 하는 삼각기둥의 전개도를 그렸더니
모든 옆면의 넓이의 합이 162 cm²였습니다.
이 삼각기둥의 높이는 몇 cm인지 구하세요.

5 cm   7 cm
6 cm

**문제해결**

❶ 옆면이 하나의 직사각형이 되도록
전개도 그리기 😞?

ㄱ   5 cm   7 cm   ㄴ
6 cm

❷ ❶과 같이 전개도를 그렸을 때 선분 ㄱㄴ의 길이 구하기

❸ 삼각기둥의 높이 구하기

**답** (                    )

**비법  옆면을 하나로 모으자!**

[옆면을 각각 그렸을 때]

ㄱ   ㄷ
ㄴ

직사각형 ㄱ, ㄴ, ㄷ
3개의 넓이를 구해서
더해야 해요.

[옆면을 하나로 모아서 그렸을 때]

직사각형 1개의
넓이만 구하면 돼요.

**5**  오른쪽 사각형을 밑면으로 하는 사각기둥의 전개도를 그렸더니 모
든 옆면의 넓이의 합이 128 cm²였습니다. 이 사각기둥의 높이는
몇 cm인지 구하세요.

3 cm
4 cm       4 cm
5 cm

(                    )

**6**  밑면의 모양이 정오각형인 각기둥의 전개도를 그렸습니다. 밑면의 한 변이 7 cm이고, 모든 옆
면의 넓이의 합이 420 cm²일 때 이 각기둥의 높이는 몇 cm인지 구하세요.

(                    )

# 각기둥의 면 위에 선이 지나간 자리

**A** 각기둥에 그은 선을 전개도에 나타내기

B

**1** 사각기둥의 면 위에 빨간색 선을 그었습니다. 그은 선을 사각기둥의 전개도에 나타내 보세요.

**문제해결**

❶ 사각기둥을 펼치는 과정을 보고 전개도의 ☐ 안에 꼭짓점 써넣기

❷ 전개도에서 선분으로 이어야 하는 점을 쓰고 ❶의 전개도에 선 그려 넣기

① 점 ㄱ과 점 ㄷ을 잇습니다.

② 점 ㄱ과 점 ☐ 을 잇습니다.

③ 점 ㄷ과 점 ☐ 을 잇습니다.

**2** 삼각기둥의 면 위에 빨간색 선을 그었습니다. 이때 빨간색 선은 모서리 ㄱㄴ과 모서리 ㄹㅁ의 한가운데를 지납니다. 그은 선을 삼각기둥의 전개도에 나타내 보세요.

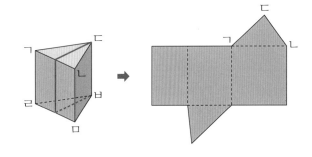

**3** 사각기둥의 면 위에 빨간색 선을 그었습니다. 그은 선을 사각기둥의 전개도에 나타내 보세요.

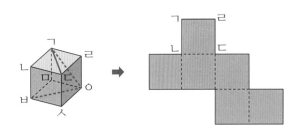

| A | **B** 상자를 둘러싼 끈의 길이 구하기 |

**4** 사각기둥 모양의 상자를 오른쪽과 같이
끈을 모서리와 평행하게 하여 묶으려고 합니다.
필요한 끈의 길이는 적어도 몇 cm인지 구하세요.
(단, 매듭의 길이는 생각하지 않습니다.)

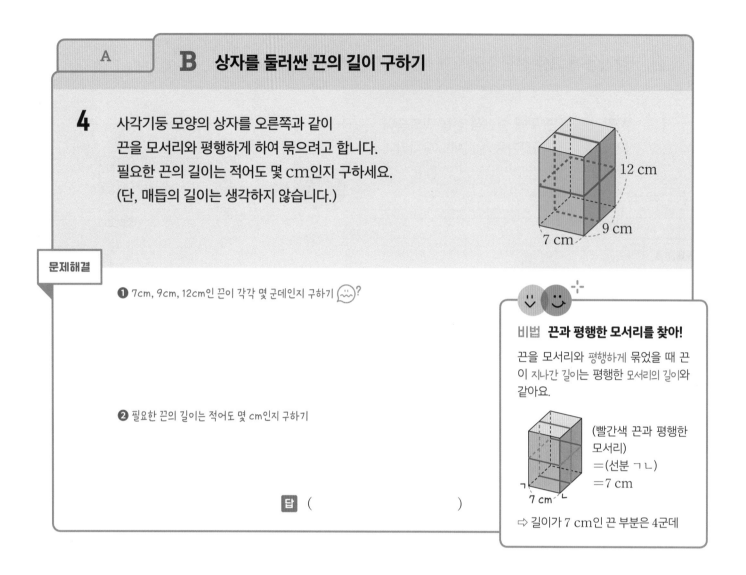

**문제해결**

❶ 7cm, 9cm, 12cm인 끈이 각각 몇 군데인지 구하기 😐?

❷ 필요한 끈의 길이는 적어도 몇 cm인지 구하기

답 (                    )

**비법 끈과 평행한 모서리를 찾아!**

끈을 모서리와 평행하게 묶었을 때 끈
이 지나간 길이는 평행한 모서리의 길이와
같아요.

(빨간색 끈과 평행한
모서리)
＝(선분 ㄱㄴ)
＝7 cm

7 cm

⇨ 길이가 7 cm인 끈 부분은 4군데

**5** 사각기둥 모양의 상자를 오른쪽과 같이 끈을 모서리와 평행하
게 하여 묶으려고 합니다. 필요한 끈의 길이는 적어도 몇 cm
인지 구하세요.(단, 매듭의 길이는 생각하지 않습니다.)

(                    )

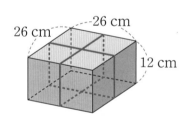

**6** 사각기둥 모양의 상자를 오른쪽과 같이 끈을 모서리와 평행하
게 하여 묶었습니다. 매듭에 사용한 끈의 길이가 20 cm일 때,
사용한 끈의 길이는 모두 몇 cm인지 구하세요.

(                    )

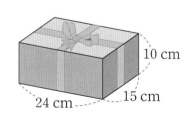

# 자른 입체도형의 구성 요소의 수

**A** 삼각뿔 모양만큼 잘랐을 때 구성 요소의 수 구하기

**B**

**1** 오른쪽은 오각기둥의 한 꼭짓점을 삼각뿔 모양만큼 잘라낸 입체도형입니다.
이 입체도형의 꼭짓점은 모두 몇 개인지 구하세요.

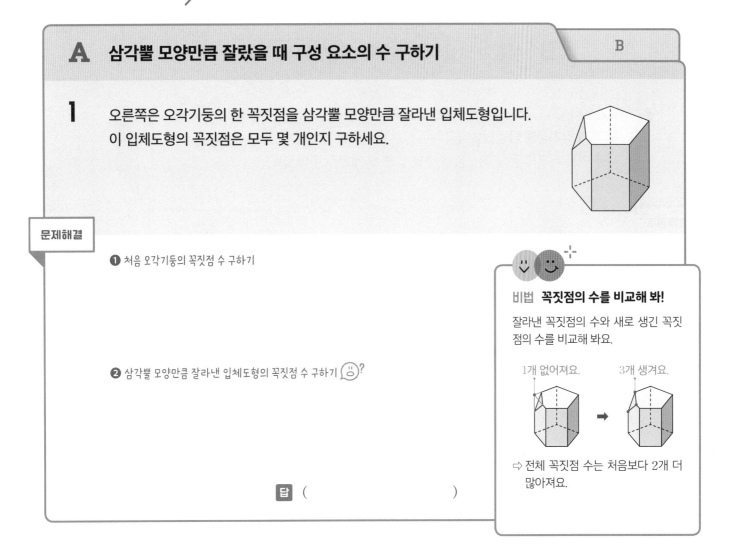

**문제해결**

❶ 처음 오각기둥의 꼭짓점 수 구하기

❷ 삼각뿔 모양만큼 잘라낸 입체도형의 꼭짓점 수 구하기 ☺?

**비법** **꼭짓점의 수를 비교해 봐!**

잘라낸 꼭짓점의 수와 새로 생긴 꼭짓점의 수를 비교해 봐요.

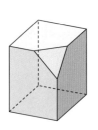

1개 없어져요.    3개 생겨요.

⇨ 전체 꼭짓점 수는 처음보다 2개 더 많아져요.

**답** (                    )

**2** 오른쪽은 사각기둥의 한 꼭짓점을 삼각뿔 모양만큼 잘라낸 입체도형입니다.
이 입체도형의 모서리는 모두 몇 개인지 구하세요.

(                    )

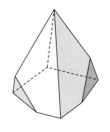

**3** 오른쪽은 사각뿔의 두 꼭짓점을 삼각뿔 모양만큼 잘라낸 입체도형입니다. 이
입체도형의 면은 모두 몇 개인지 구하세요.

(                    )

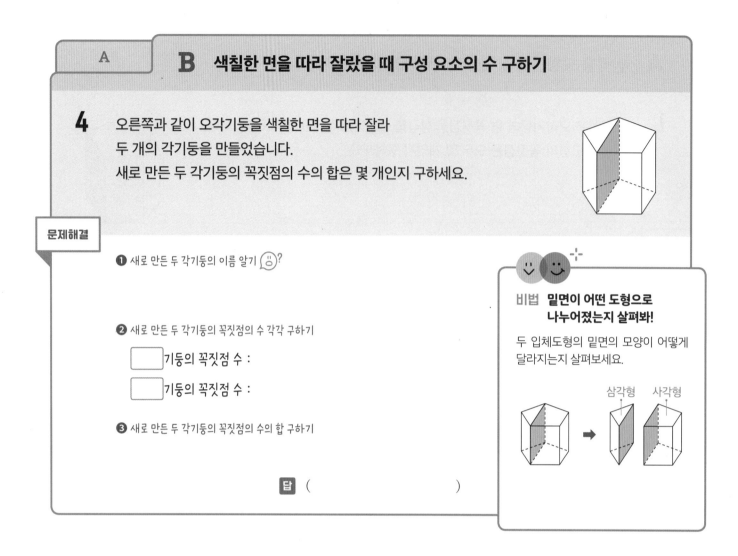

A

**B  색칠한 면을 따라 잘랐을 때 구성 요소의 수 구하기**

**4**  오른쪽과 같이 오각기둥을 색칠한 면을 따라 잘라
두 개의 각기둥을 만들었습니다.
새로 만든 두 각기둥의 꼭짓점의 수의 합은 몇 개인지 구하세요.

문제해결

❶ 새로 만든 두 각기둥의 이름 알기 ?

❷ 새로 만든 두 각기둥의 꼭짓점의 수 각각 구하기

[    ]기둥의 꼭짓점 수 :

[    ]기둥의 꼭짓점 수 :

❸ 새로 만든 두 각기둥의 꼭짓점의 수의 합 구하기

답 (                    )

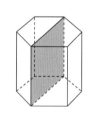

비법  **밑면이 어떤 도형으로
나누어졌는지 살펴봐!**

두 입체도형의 밑면의 모양이 어떻게
달라지는지 살펴보세요.

삼각형    사각형

**5**  오른쪽과 같이 육각기둥을 색칠한 면을 따라 잘라 두 개의 각기둥을 만들었습니다. 새로 만든 두 각기둥의 면의 수의 합은 몇 개인지 구하세요.

(                    )

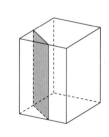

**6**  오른쪽과 같이 사각기둥을 색칠한 면을 따라 잘라 두 개의 각기둥을 만들었습니다. 새로 만든 두 각기둥의 모서리의 수의 차는 몇 개인지 구하세요.

(                    )

**01**

유형 01 **A**

밑면의 모양이 오른쪽과 같은 각뿔이 있습니다. 이 각뿔의 꼭짓점의 수
와 모서리의 수의 합은 몇 개인지 구하세요.

(                    )

**02**

유형 01 **B+C**

면, 모서리, 꼭짓점의 수의 합이 56개인 각기둥이 있습니다. 이 각기둥의 한 밑면의 변은 몇 개
인지 구하세요.

(                    )

**03**

유형 03 **A**

사각기둥의 전개도에서 직사각형 ㄱㄴㄷㄹ의 넓이는 266 cm²입니다. 선분 ㄹㄷ의 길이는 몇
cm인지 구하세요.

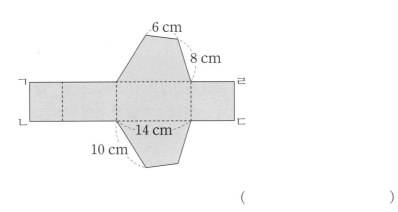

(                    )

**04**

유형 02 A+

옆면이 오른쪽과 같은 이등변삼각형 8개로 이루어진 각뿔이 있습니다. 이 각뿔의 모든 모서리의 길이의 합은 몇 cm인지 구하세요.

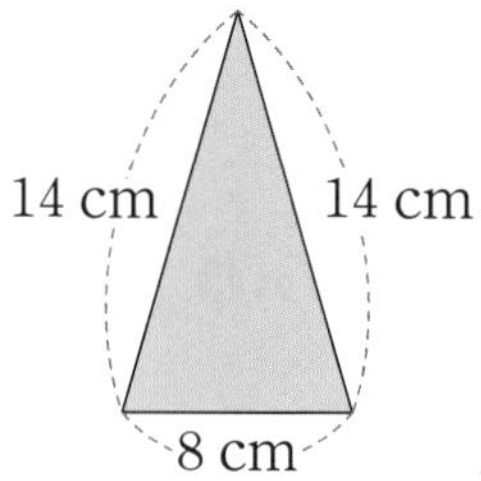

(                    )

14 cm   14 cm

8 cm

**05**

유형 03 A+

오른쪽 사각형을 밑면으로 하는 사각기둥의 전개도를 그렸더니 모든 옆면의 넓이의 합이 $210 \ \text{cm}^2$였습니다. 이 사각기둥의 높이는 몇 cm인지 구하세요.

(                    )

9 cm

12 cm

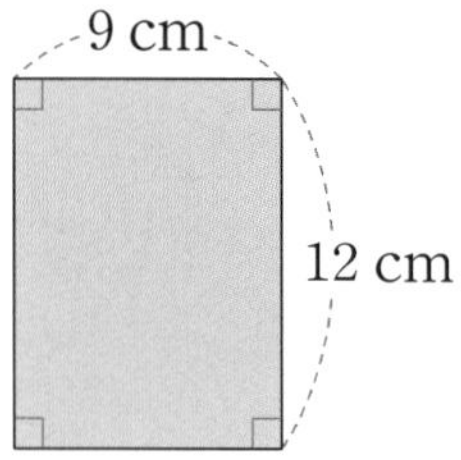

**06**

밑면의 모양이 정십각형인 각기둥의 모든 모서리의 길이의 합이 240 cm입니다. 이 각기둥의 높이가 10 cm일 때 밑면의 한 변의 길이는 몇 cm인지 구하세요.

(                    )

**07**

유형 04 Ⓐ

오각기둥의 면 위에 선을 그었습니다. 그은 선을 오각기둥의 전개도에 나타내 보세요.

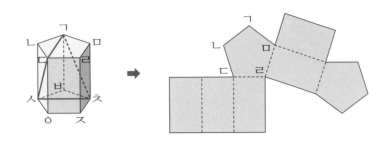

**08**

유형 04 Ⓑ

사각기둥 모양의 상자를 오른쪽과 같이 테이프로 둘러쌌습니다. 사용한 테이프의 길이는 적어도 몇 cm인지 구하세요.

(            )

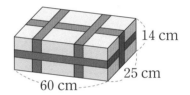

**09**

오른쪽과 같이 오각뿔을 밑면과 평행하게 잘랐습니다. 이때 만들어지는 두 입체도형의 꼭짓점의 수의 차는 몇 개인지 구하세요.

(            )

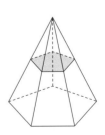

# 3

# 소수의 나눗셈

# 학습기록표

## 유형 01
학습일

학습평가

### 몫의 크기 비교

| A | 두 몫의 크기 비교 |
| B | 몫의 각 자리 비교 |

## 유형 02
학습일

학습평가

### 소수의 나눗셈의 활용

| A | 사용하는 양 |
| B | 간격의 길이 |
| C | 양초의 길이 |

## 유형 03
학습일

학습평가

### 도형에서 길이 구하기

| A | 모눈 한 칸과 둘레 |
| B | 둘레와 한 변의 길이 |
| C | 넓이와 한 변의 길이 |

## 유형 04
학습일

학습평가

### 수 카드로 소수의 나눗셈식 만들기

| A | 몫이 가장 큰 경우 |
| B | 몫이 가장 작은 경우 |

## 유형 05
학습일

학습평가

### 빠르기가 다를 때 거리 구하기

| A | ㉠이 가는 거리 |
| A+ | 두 사람 사이의 거리 |

## 유형 06
학습일

학습평가

### 실생활에서 소수의 나눗셈의 활용

| A | 물건 한 개의 무게 |
| B | 터널 통과 시간 |
| C | 휘발유 값 |
| D | 고장 난 시계의 시각 |

## 유형 07
학습일

학습평가

### 방정식의 활용

| A | 잘못 계산한 경우 |
| B | 소수점을 잘못 찍은 경우 |

## 유형 마스터
학습일

학습평가

### 소수의 나눗셈

**A** 두 몫의 크기를 비교하여 알맞은 수 구하기

**B**

**1** ■ 안에 들어갈 수 있는 자연수는 모두 몇 개인지 구하세요.

$$17.6 \div 4 < \blacksquare < 44.58 \div 6$$

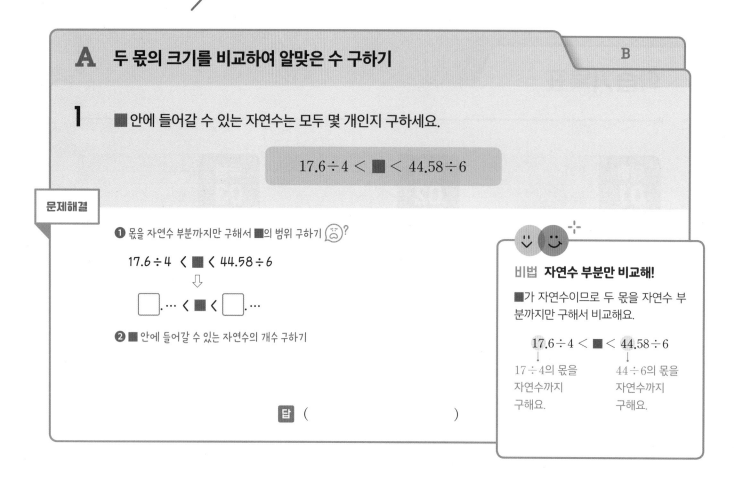

문제해결

❶ 몫을 자연수 부분까지만 구해서 ■의 범위 구하기 😫?

$17.6 \div 4$ < ■ < $44.58 \div 6$

⇩

$\boxed{\phantom{0}}.\cdots$ < ■ < $\boxed{\phantom{0}}.\cdots$

❷ ■ 안에 들어갈 수 있는 자연수의 개수 구하기

답 (                    )

비법 **자연수 부분만 비교해!**

■가 자연수이므로 두 몫을 자연수 부분까지만 구해서 비교해요.

$17.6 \div 4$ < ■ < $44.58 \div 6$
↓                    ↓
$17 \div 4$의 몫을    $44 \div 6$의 몫을
자연수까지           자연수까지
구해요.              구해요.

**2** ☐ 안에 들어갈 수 있는 자연수는 모두 몇 개인지 구하세요.

$$25.44 \div 6 < \square < 88.47 \div 9$$

(                    )

**3** ☐ 안에 들어갈 수 있는 자연수의 합을 구하세요.

$$19.5 \div 5 < \square < 52 \div 8$$

(                    )

넌 할 수 있어. 평소 하던 대로 하면 돼.

A

## B  몫의 각 자리를 비교하여 알맞은 수 구하기

**4**  1부터 9까지의 자연수 중에서 ■ 안에 들어갈 수 있는 수는 모두 몇 개인지 구하세요.

$$26.2 \div 4 < 6.\blacksquare 4$$

**문제해결**

❶ 나눗셈식을 나누어떨어질 때까지 계산하여 6.■4의 범위 구하기

❷ ■ 안에 들어갈 수 있는 자연수의 개수 구하기

답  (                              )

**비법 ■와 같은 자리의 숫자를 넣어!**

■ 안에 ■와 같은 자리에 놓인 숫자부터 넣어 비교해요.

$$6.55 < 6.\blacksquare 4 \rightarrow 6.55 > 6.54$$

부등호 방향이
달라지면 안 돼요.

➡ ■는 5보다 커야 해요.

**5**  1부터 9까지의 자연수 중에서 ☐ 안에 들어갈 수 있는 수는 모두 몇 개인지 구하세요.

$$7.3\square < 58.8 \div 8$$

(                              )

**6**  1부터 9까지의 자연수 중에서 ☐ 안에 들어갈 수 있는 수를 모두 구하세요.

$$22.14 \div 9 < 2.\square 8 < 19.11 \div 7$$

(                              )

## A  똑같이 사용하는 양 구하기

B   C

**문제해결**

**1** 어느 식당에서 일주일 동안 0.98 L짜리 간장을 3통 사용합니다.
이 간장을 매일 똑같은 양으로 나누어 사용한다면
이 식당에서 하루에 사용하는 간장의 양은 몇 L인지 구하세요.

❶ 일주일 동안 사용한 전체 간장의 양 구하기

❷ 하루에 사용하는 간장의 양 구하기 ?

**비법 수 또는 식으로 나타내자!**

"일주일 동안 0.98 L짜리 3통 사용"

$0.98 \times 3$

⇨ 7일 동안 $(0.98 \times 3)$L 사용

나누는 수    전체

답 (                    )

**2** 사랑이네 가족이 일 년 동안 소비하는 쌀은 15 kg짜리 6포대입니다. 사랑이네 가족이 매달 똑같은 양의 쌀을 소비한다면 한 달에 소비하는 쌀은 몇 kg인지 구하세요.

(                    )

**3** 한 봉지에 2.8 kg씩 들어 있는 밀가루가 3봉지 있습니다. 이 밀가루를 2주 동안 매일 똑같이 나누어 쓰려고 합니다. 밀가루를 하루에 몇 kg씩 써야 하는지 구하세요.

(                    )

**4** 길이가 82.8 m인 길의 한쪽에 가로수 13그루를 같은 간격으로 세우려고 합니다.
길의 시작점과 끝점에도 가로수를 한 그루씩 심는다면
가로수 사이의 간격은 몇 m가 되는지 구하세요.(단, 가로수의 두께는 생각하지 않습니다.)

문제해결

❶ 가로수 사이의 간격 수 구하기

비법 **나무 수로 나누면 안 돼!**

간격을 구하려면 전체 길이를 나무 수가 아니라 간격 수로 나눠야 해요.

❷ 가로수 사이의 간격 구하기

⇨ 나무를 시작점부터 끝점까지 심을 때 간격 수는 나무 수보다 1 작아요.

답 (                    )

**5** 길이가 63.5 m인 길의 한쪽에 무궁화 나무 26그루를 같은 간격으로 심으려고 합니다. 길의 시작점과 끝점에도 무궁화 나무를 한 그루씩 심는다면 무궁화 나무 사이의 간격은 몇 m가 되는지 구하세요.(단, 무궁화 나무의 두께는 생각하지 않습니다.)

(                    )

**6** 길이가 78.3 m인 산책로에 장식등 20개를 양쪽에 똑같이 나누어 같은 간격으로 설치하려고 합니다. 산책로의 시작점과 끝점에도 장식등을 한 개씩 설치한다면 장식등 사이의 간격은 몇 m가 되는지 구하세요.(단, 장식등의 두께는 생각하지 않습니다.)

(                    )

## C 양초의 길이 구하기

**7** 길이가 15 cm인 양초에 불을 붙인 지 한 시간 후
양초의 길이를 재었더니 11.4 cm가 되었습니다.
이 양초가 일정한 빠르기로 탄다면 9분 동안 탄 양초의 길이는 몇 cm인지 구하세요.

문제해결

❶ 한 시간 동안 탄 양초의 길이 구하기 😔 ?

❷ 1분 동안 탄 양초의 길이 구하기

❸ 9분 동안 탄 양초의 길이 구하기

답 (                          )

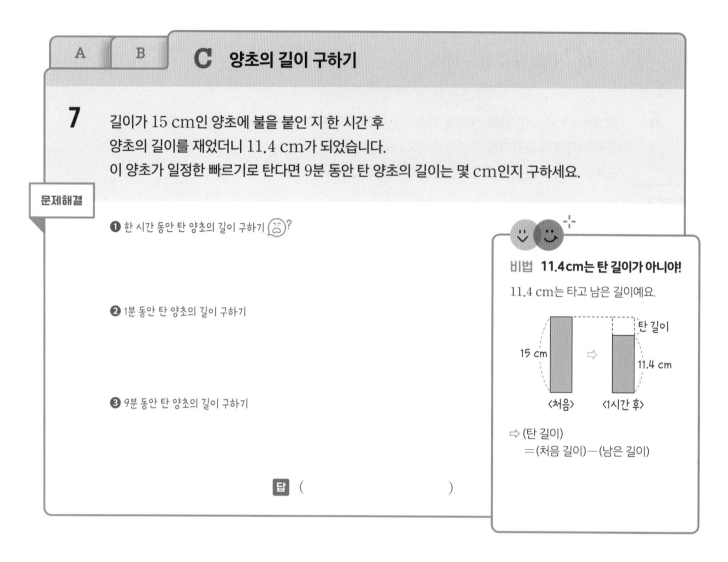

비법 **11.4 cm는 탄 길이가 아니야!**

11.4 cm는 타고 남은 길이예요.

15 cm ⇒ 탄 길이
11.4 cm
〈처음〉  〈1시간 후〉

⇨ (탄 길이)
= (처음 길이) − (남은 길이)

**8** 길이가 24 cm인 양초에 불을 붙인 지 1시간 30분 후 양초의 길이를 재었더니 16.8 cm가 되었습니다. 이 양초가 일정한 빠르기로 탄다면 13분 동안 탄 양초의 길이는 몇 cm인지 구하세요.

(                          )

**9** 길이가 20 cm인 양초가 있습니다. 이 양초는 일정한 빠르기로 5분 동안 1.2 cm씩 탄다고 합니다. 이 양초에 불을 붙인 지 17분 후 불을 껐다면 타고 남은 양초의 길이는 몇 cm인지 구하세요.

(                          )

# 도형에서 길이 구하기

**A** 모눈 한 칸의 길이를 이용하여 둘레 구하기

B | C

**1** 오른쪽 그림과 같이 둘레가 72.36 cm인 정사각형을
9칸으로 똑같이 나누었습니다.
빨간색 직사각형의 둘레는 몇 cm인지 구하세요.

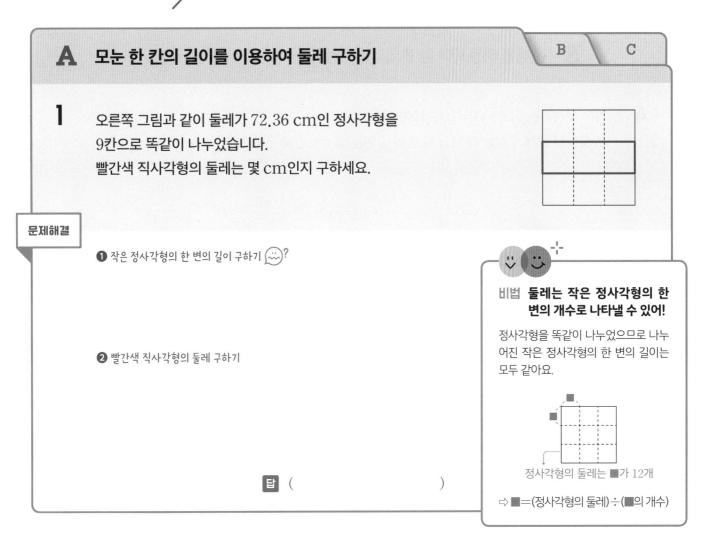

**문제해결**

❶ 작은 정사각형의 한 변의 길이 구하기 ?

❷ 빨간색 직사각형의 둘레 구하기

**비법** 둘레는 작은 정사각형의 한
변의 개수로 나타낼 수 있어!

정사각형을 똑같이 나누었으므로 나누
어진 작은 정사각형의 한 변의 길이는
모두 같아요.

정사각형의 둘레는 ■가 12개

⇨ ■=(정사각형의 둘레)÷(■의 개수)

답 ( )

**2** 오른쪽 그림과 같이 둘레가 85.6 cm인 정사각형을 16칸으로 똑같이 나
누었습니다. 빨간색 직사각형의 둘레는 몇 cm인지 구하세요.

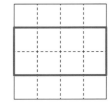

( )

**3** 모눈 한 칸의 크기가 같은 모눈종이에 오른쪽과 같이 두 개의 직사각형을
그렸습니다. 빨간색 직사각형의 둘레가 16.8 cm일 때, 노란색 직사각형
의 둘레는 몇 cm인지 구하세요.

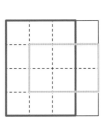

( )

| A | **B** 둘레를 이용하여 한 변의 길이 구하기 | C |

**4** 가는 평행사변형이고 나는 정사각형입니다.
두 도형의 둘레가 같을 때 나의 한 변의 길이는 몇 cm인지 구하세요.

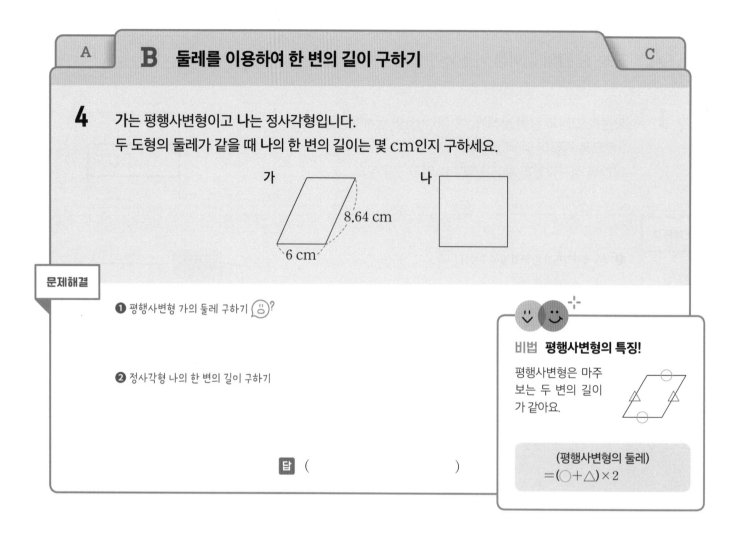

**문제해결**

❶ 평행사변형 가의 둘레 구하기 😊?

❷ 정사각형 나의 한 변의 길이 구하기

**비법 평행사변형의 특징!**

평행사변형은 마주
보는 두 변의 길이
가 같아요.

(평행사변형의 둘레)
=(○+△)×2

답 (                    )

**5** 가는 정사각형이고 나는 정삼각형입니다. 두 도형의 둘레가 같을 때 나의 한 변의 길이는 몇 cm
인지 구하세요.

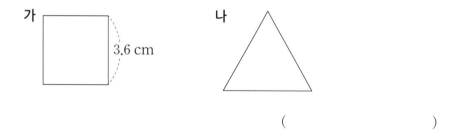

(                    )

**6** 가는 직사각형이고 나는 마름모입니다. 두 도형의 둘레가 같을 때 직사각형 가의 세로는 몇 cm
인지 구하세요.

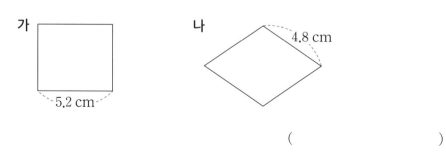

(                    )

| A | B | **C** 넓이를 이용하여 한 변의 길이 구하기 |

**7** 오른쪽 직사각형의 세로를 1.4 cm 늘이고
넓이는 같은 직사각형을 새로 그리려고 합니다.
새로 그리는 직사각형의 가로는 몇 cm인지 구하세요.

10.6 cm

9 cm

**문제해결**

❶ 처음 직사각형의 넓이 구하기

❷ 새로 그리는 직사각형의 세로의 길이 구하기

❸ 새로 그리는 직사각형의 가로의 길이 구하기

답 ( )

**비법** 달라진 길이를 표시해 봐!

새로 그리는 도형에 달라진 가로와 세로의 길이를 나타내 보세요.

넓이는 같아요.

10.6 ⇨ 10.6+1.4

9

〈처음〉 〈새로 그림〉

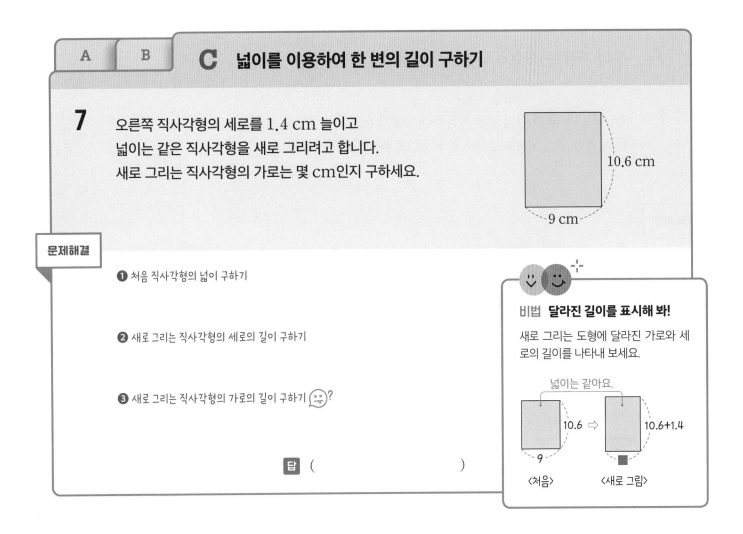

**8** 가로가 30 cm이고 세로가 14 cm인 직사각형이 있습니다. 이 직사각형의 가로를 5 cm 줄여서 처음 직사각형과 넓이가 같은 직사각형을 새로 만들었습니다. 새로 만든 직사각형의 세로는 몇 cm인지 구하세요.

( )

**9** 가로가 20.5 m이고 세로가 32.4 m인 직사각형 모양의 밭이 있습니다. 이 밭의 가로를 9.5 m 늘여서 밭의 넓이가 3.3 m² 만큼 더 넓어지게 하려고 합니다. 이때 밭의 세로를 몇 m로 해야 하는지 구하세요.

( )

# 수 카드로 소수의 나눗셈식 만들기

**A** 몫이 가장 큰 소수의 나눗셈식 만들기     B

**1** 수 카드 4장을 한 번씩 모두 사용하여 다음과 같은 나눗셈식을 만들려고 합니다.
몫이 가장 크게 되는 나눗셈식을 만들었을 때의 몫을 구하세요.

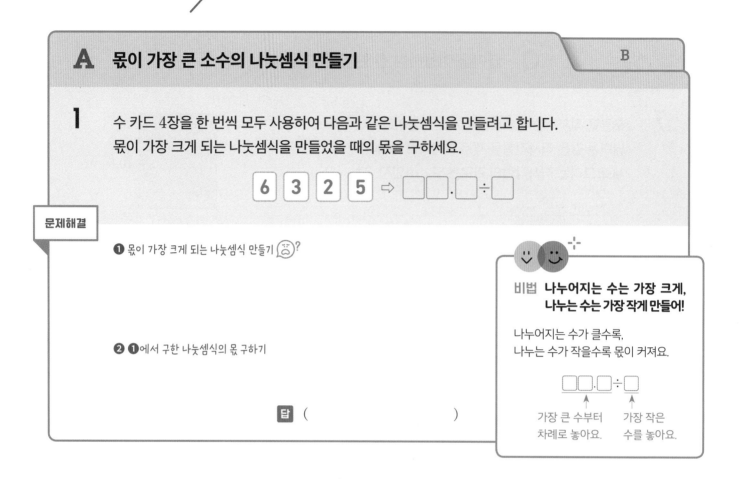

```
6 3 2 5 ⇨ ☐☐.☐÷☐
```

**문제해결**

❶ 몫이 가장 크게 되는 나눗셈식 만들기 😟?

❷ ❶에서 구한 나눗셈식의 몫 구하기

**답** (            )

> **비법** 나누어지는 수는 가장 크게,
> 나누는 수는 가장 작게 만들어!
>
> 나누어지는 수가 클수록,
> 나누는 수가 작을수록 몫이 커져요.
>
> ☐☐.☐÷☐
>
> 가장 큰 수부터    가장 작은
> 차례로 놓아요.    수를 놓아요.

**2** 수 카드 4장을 한 번씩 모두 사용하여 다음과 같은 나눗셈식을 만들려고 합니다. 몫이 가장 크게
되는 나눗셈식을 만들었을 때의 몫을 구하세요.

```
7 5 3 6 ⇨ ☐.☐☐÷☐
```

(                 )

**3** 5장의 수 카드 중에서 4장을 골라 한 번씩 모두 사용하여 다음과 같은 나눗셈식을 만들려고 합니
다. 몫이 가장 크게 되는 나눗셈식을 만들었을 때의 몫을 구하세요.

```
6 4 5 8 9 ⇨ ☐.☐☐÷☐
```

(                 )

## B  몫이 가장 작은 소수의 나눗셈식 만들기

**4** 수 카드 4장을 한 번씩 모두 사용하여 다음과 같은 나눗셈식을 만들려고 합니다.
몫이 가장 작게 되는 나눗셈식을 만들었을 때의 몫을 구하세요.

⑧ ⑥ ④ ⑤ ⇨ ☐☐.☐ ÷ ☐

**문제해결**

❶ 몫이 가장 작게 되는 나눗셈식 만들기 😌?

❷ ❶에서 구한 나눗셈식의 몫 구하기

**답** (                    )

> **비법  나누어지는 수는 가장 작게,
> 나누는 수는 가장 크게 만들어!**
>
> 나누어지는 수가 작을수록,
> 나누는 수가 클수록 몫이 작아져요.
>
> ☐☐.☐ ÷ ☐
>
> 가장 작은 수부터     가장 큰 수를
> 차례로 놓아요.        놓아요.

**5** 수 카드 4장을 한 번씩 모두 사용하여 다음과 같은 나눗셈식을 만들려고 합니다. 몫이 가장 작은
나눗셈식을 만들었을 때의 몫을 구하세요.

⑤ ⓪ ④ ⑨ ⇨ ☐.☐☐ ÷ ☐

(                    )

**6** 5장의 수 카드 ②, ⑧, ⑥, ③, ⑦ 중에서 4장을 골라 한 번씩 모두 사용하여
(소수 두 자리 수) ÷ (자연수)의 나눗셈식을 만들었습니다. 몫이 가장 클 때와 가장 작을 때의 합
을 구하세요.

(                    )

**A** 일정한 시간 동안 가는 거리 구하기 A+

**1** 한 시간에 75 km를 가는 자동차가 40분 동안 간 거리를 자전거로 가면 4시간이 걸립니다. 자전거로 한 시간 동안 가는 거리는 몇 km인지 구하세요.
(단, 자동차와 자전거의 빠르기는 각각 일정합니다.)

문제해결

❶ 자동차가 40분 동안 간 거리 구하기 ?

❷ 자전거로 한 시간 동안 가는 거리 구하기

답 (                    )

비법 **단위가 같아야 해!**

"한 시간에 75 km를 가는 자동차가
40분 동안 간 거리"

① 단위를 시간으로 같게 할 때
40분을 시간 단위로 고쳐요.
→ (1시간 거리)$\times \frac{40}{60}$시간

② 단위를 분으로 같게 할 때
1분 동안 가는 거리를 구해요.
→ (1분 거리)$\times 40$분

**2** 한 시간에 68 km를 가는 자동차가 1시간 45분 동안 간 거리를 오토바이로 가면 5시간이 걸립니다. 오토바이로 한 시간 동안 가는 거리는 몇 km인지 구하세요.(단, 자동차와 오토바이의 빠르기는 각각 일정합니다.)

(                    )

**3** 민지는 1분에 48 m를 걷고, 아라는 1분에 40 m를 걷습니다. 학교에서 공원까지 걸어서 가는데 민지는 8분 42초가 걸린다면 아라는 몇 분이 걸리는지 구하세요.(단, 민지와 아라가 걷는 빠르기는 각각 일정합니다.)

(                    )

## A+ 일직선상에서 두 사람 사이의 거리 구하기

**4** 예서는 6분 동안 724.2 m를 걷고, 동하는 4분 동안 450.4 m를 걷습니다.
예서와 동하가 같은 곳에서 동시에 출발하여 같은 방향으로 걷는다면
출발한 지 15분 후 두 사람 사이의 거리는 몇 m인지 구하세요.
(단, 예서와 동하가 걷는 빠르기는 각각 일정합니다.)

**문제해결**

❶ 예서와 동하가 1분 동안 걷는 거리 각각 구하기

예서 :

동하 :

❷ 1분 후 두 사람 사이의 거리 구하기

❸ 15분 후 두 사람 사이의 거리 구하기

답 (                                    )

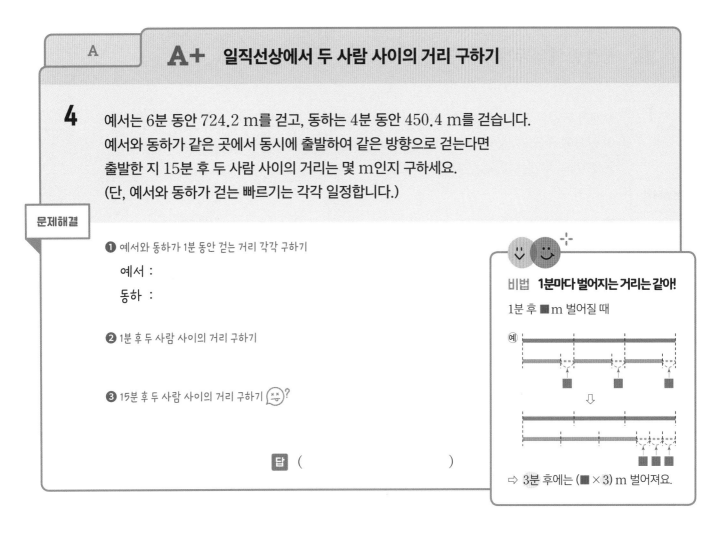

비법 **1분마다 벌어지는 거리는 같아!**

1분 후 ■ m 벌어질 때

⇨ 3분 후에는 (■ × 3) m 벌어져요.

**5** 자동차는 20분 동안 31 km를 가고, 기차는 7분 동안 17.01 km를 갑니다. 자동차와 기차가 같은 곳에서 같은 방향으로 동시에 출발한다면 45분 후에는 어느 것이 몇 km 더 멀리 가는지 구하세요.(단, 자동차와 기차의 빠르기는 각각 일정합니다.)

(                        ), (                        )

**6** 호영이는 자전거를 타고 일정한 빠르기로 36분 동안 16.2 km를 가고, 민철이는 인라인스케이트를 타고 일정한 빠르기로 25분 동안 7 km를 갑니다. 두 사람이 같은 곳에서 <u>반대</u> 방향으로 동시에 출발한다면 1시간 후 두 사람 사이의 거리는 몇 km가 되는지 구하세요.

벌어지는
거리

(                                    )

# 실생활에서 소수의 나눗셈의 활용

## A 물건 한 개의 무게 구하기

B C D

**1** 무게가 똑같은 공 25개가 들어 있는 상자의 무게가 8.6 kg입니다.
이 상자에서 공 8개를 꺼낸 후 다시 상자의 무게를 재어 보니 6.84 kg이었습니다.
공 19개의 무게는 몇 kg인지 구하세요.

문제해결

❶ 공 8개의 무게 구하기 ?

❷ 공 1개의 무게 구하기

❸ 공 19개의 무게 구하기

답 (                    )

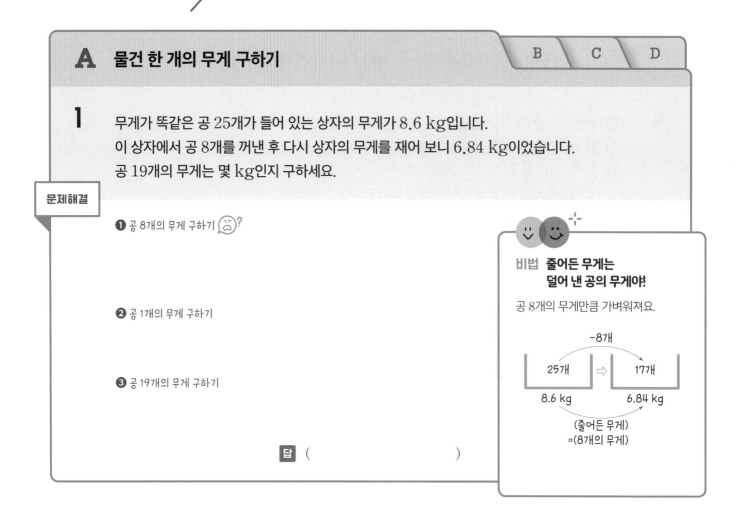

비법 **줄어든 무게는
덜어 낸 공의 무게야!**

공 8개의 무게만큼 가벼워져요.

−8개

| 25개 | ⇨ | 17개 |

8.6 kg          6.84 kg

(줄어든 무게)
=(8개의 무게)

**2** 무게가 똑같은 사과 30개가 들어 있는 상자의 무게가 13.5 kg입니다. 이 상자에서 사과 9개를 꺼낸 후 다시 상자의 무게를 재어 보니 10.35 kg이었습니다. 사과 7개의 무게는 몇 kg인지 구하세요.

(                    )

**3** 무게가 똑같은 블록 40개가 들어 있는 상자의 무게가 6.4 kg입니다. 이 상자에서 블록 12개를 꺼낸 후 다시 상자의 무게를 재어 보니 4.6 kg이었습니다. 빈 상자의 무게는 몇 kg인지 구하세요.

(                    )

| A | **B** 기차가 터널을 통과하는 데 걸리는 시간 구하기 | C | D |

**4** 일정한 빠르기로 1분에 850 m를 가는 기차가 터널을 통과하려고 합니다.
기차의 길이는 225 m이고 터널의 길이는 3.6 km일 때,
기차가 터널에 들어가기 시작하여 터널을 완전히 통과할 때까지 걸리는 시간은 몇 분인지 구하세요.

**문제해결**

❶ 기차가 터널에 들어가기 시작하여 완전히 통과할 때까지 달리는 거리 구하기 😌?

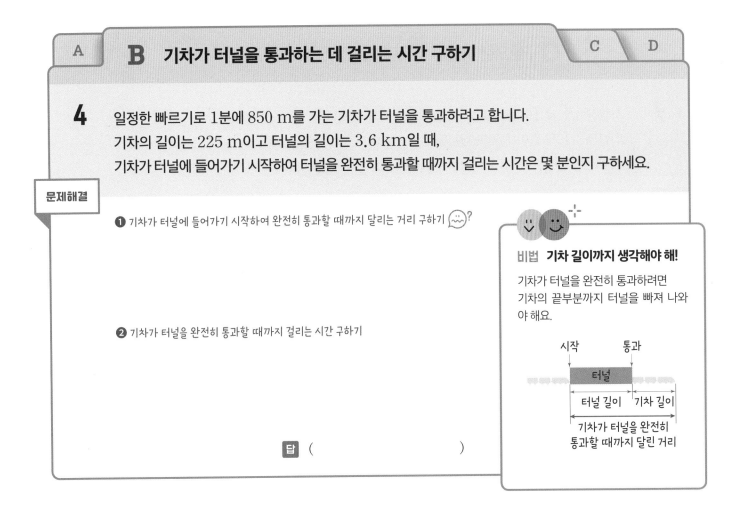

비법 **기차 길이까지 생각해야 해!**

기차가 터널을 완전히 통과하려면 기차의 끝부분까지 터널을 빠져 나와야 해요.

시작　　　　통과

터널

터널 길이　기차 길이

기차가 터널을 완전히 통과할 때까지 달린 거리

❷ 기차가 터널을 완전히 통과할 때까지 걸리는 시간 구하기

답 (　　　　　　　　)

**5** 일정한 빠르기로 1분에 3 km를 가는 기차가 터널을 통과하려고 합니다. 기차의 길이는 300 m이고 터널의 길이는 4.2 km일 때, 기차가 터널에 들어가기 시작하여 터널을 완전히 통과할 때까지 걸리는 시간은 몇 분인지 구하세요.

(　　　　　　　　)

**6** 일정한 빠르기로 1시간에 240 km를 가는 기차가 터널을 통과하려고 합니다. 기차의 길이는 240 m이고 터널의 길이는 2.8 km일 때, 기차가 터널에 들어가기 시작하여 터널을 완전히 통과할 때까지 걸리는 시간은 몇 분인지 구하세요.

(　　　　　　　　)

A  B  **C 필요한 휘발유 값 구하기**  D

**7** 휘발유 1 L로 16 km를 갈 수 있는 자동차가 있습니다.
휘발유 1 L의 값이 1700원일 때,
이 자동차가 180 km를 가는 데 필요한 휘발유 값은 얼마인지 구하세요.

**문제해결**

❶ 180 km를 가는 데 필요한 휘발유 양 구하기 ?

❷ 180 km를 가는 데 필요한 휘발유 값 구하기

답 (                    )

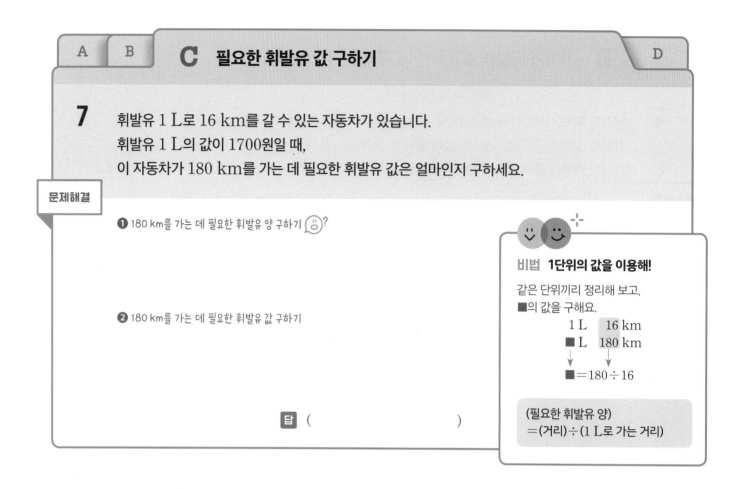

비법 **1단위의 값을 이용해!**

같은 단위끼리 정리해 보고,
■의 값을 구해요.

1 L    16 km
■ L    180 km

■＝180÷16

(필요한 휘발유 양)
＝(거리)÷(1 L로 가는 거리)

**8** 동빈이네 가족은 1 L의 휘발유로 14 km를 갈 수 있는 자동차를 타고 할머니 댁에 가려고 합니다. 동빈이네 집에서 할머니 댁까지의 거리는 240.8 km입니다. 휘발유 1 L의 값이 1650원일 때, 할머니 댁까지 가는 데 필요한 휘발유 값은 얼마인지 구하세요.

(                    )

**9** ㉮ 자동차는 휘발유 6 L로 102 km를 갈 수 있습니다. 휘발유 1 L의 값이 1800원일 때, ㉮ 자동차가 380.8 km를 가는 데 필요한 휘발유 값은 얼마인지 구하세요.

(                    )

| A | B | C | **D** 고장 난 시계의 시각 구하기 |

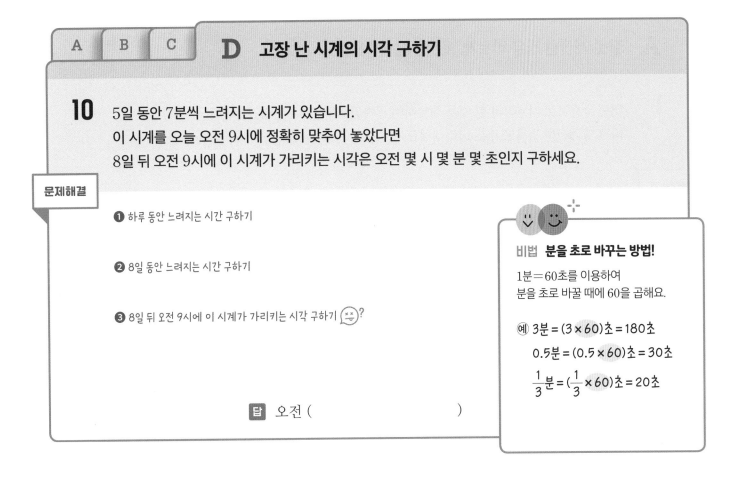

**10** 5일 동안 7분씩 느려지는 시계가 있습니다.
이 시계를 오늘 오전 9시에 정확히 맞추어 놓았다면
8일 뒤 오전 9시에 이 시계가 가리키는 시각은 오전 몇 시 몇 분 몇 초인지 구하세요.

문제해결

❶ 하루 동안 느려지는 시간 구하기

❷ 8일 동안 느려지는 시간 구하기

❸ 8일 뒤 오전 9시에 이 시계가 가리키는 시각 구하기 😕?

탑 오전 (                    )

비법 **분을 초로 바꾸는 방법!**

1분＝60초를 이용하여
분을 초로 바꿀 때에 60을 곱해요.

㉘ 3분 ＝ (3×60)초 ＝ 180초

0.5분 ＝ (0.5×60)초 ＝ 30초

$\frac{1}{3}$분 ＝ ($\frac{1}{3}$×60)초 ＝ 20초

**11** 8일 동안 18분씩 느려지는 시계가 있습니다. 이 시계를 오늘 오전 10시에 정확히 맞추어 놓았다면 일주일 뒤 오전 10시에 이 시계가 가리키는 시각은 오전 몇 시 몇 분 몇 초인지 구하세요.

오전 (                    )

**12** 4일 동안 9분 12초씩 빨라지는 시계가 있습니다. 이 시계를 오늘 오후 5시에 정확히 맞추어 놓았다면 9일 뒤 오후 5시에 이 시계가 가리키는 시각은 오후 몇 시 몇 분 몇 초인지 구하세요.

오후 (                    )

**A** 잘못 계산한 경우 바르게 계산한 몫 구하기                                   B

**1** 어떤 수를 4로 나누어야 할 것을 잘못하여 곱하였더니 18.4가 되었습니다.
바르게 계산한 몫을 소수로 나타내세요.

문제해결

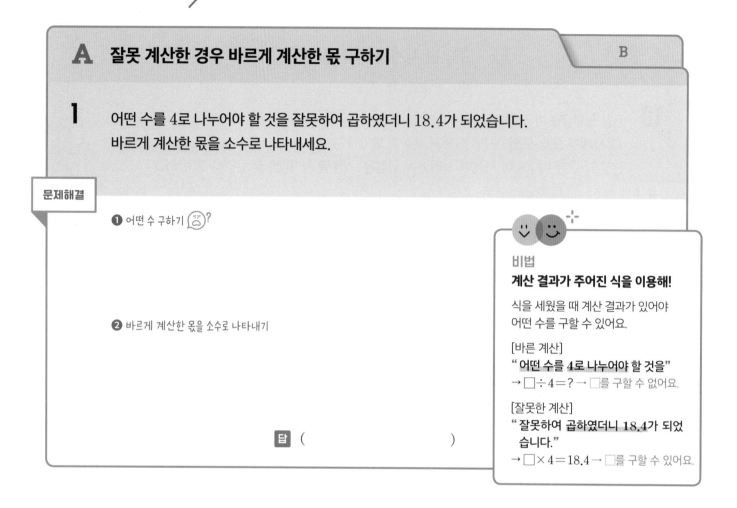

❶ 어떤 수 구하기 😩?

❷ 바르게 계산한 몫을 소수로 나타내기

답 (                    )

**비법**
**계산 결과가 주어진 식을 이용해!**
식을 세웠을 때 계산 결과가 있어야
어떤 수를 구할 수 있어요.

[바른 계산]
" 어떤 수를 4로 나누어야 할 것을"
→ □÷4＝? → □를 구할 수 없어요.

[잘못한 계산]
" 잘못하여 곱하였더니 18.4가 되었
습니다."
→ □×4＝18.4→ □를 구할 수 있어요.

**2** 어떤 수를 6으로 나누어야 할 것을 잘못하여 9로 나누었더니 15.6이 되었습니다. 바르게 계산한
몫을 소수로 나타내세요.

(                    )

**3** 25.2를 어떤 수로 나누어야 할 것을 잘못하여 어떤 수를 더했더니 30.2가 되었습니다. 바르게
계산한 몫을 소수로 나타내세요.

(                    )

| A |
|---|

## B  몫의 소수점을 잘못 찍은 경우 바르게 계산한 몫 구하기

**4**  어떤 나눗셈식의 몫을 쓰는데 잘못하여 소수점을 오른쪽으로 한 칸 옮겨 찍었더니
바르게 계산한 몫과의 차가 62.37이 되었습니다.
바르게 계산한 몫을 구하세요.

> **문제해결**

❶ 잘못 쓴 몫은 바르게 계산한 몫의 몇 배인지 구하기 ?

❷ 잘못 쓴 몫과 바르게 계산한 몫의 차를 식으로 나타내기

바르게 계산한 몫을 ■라 할 때 : ■ × $\boxed{\phantom{00}}$ − ■ = $\boxed{\phantom{000}}$

❸ 바르게 계산한 몫 구하기

답 (         )

> **비법  소수점을 옮긴 방향을 생각해!**
>
> 소수점을 오른쪽으로 한 칸 옮긴 수는
> 처음 수의 10배예요.
>
> 예 0.12 → 0.1‚2 → 1.2
>
> ⇨ 1.2는 0.12의 10배
>
> ⇨ 1.2 = 0.12 × 10

**5**  어떤 나눗셈식의 몫을 쓰는데 잘못하여 소수점을 오른쪽으로 한 칸 옮겨 찍었더니 바르게 계산한
몫과의 차가 31.23이 되었습니다. 바르게 계산한 몫을 구하세요.

(         )

**6**  어떤 나눗셈식의 몫을 쓰는데 잘못하여 소수점을 오른쪽으로 한 칸 옮겨 찍었더니 바르게 계산한
몫과의 합이 44.55가 되었습니다. 바르게 계산한 몫을 구하세요.

(         )

**01**

유형 01 Ⓐ

□ 안에 들어갈 수 있는 자연수 중 가장 큰 수를 구하세요.

$$44 \div 8 < \square < 55.92 \div 6$$

(                    )

**02**

유형 02 Ⓐ

한 변이 4 m인 정사각형 모양의 벽을 칠하는 데 페인트 26.4 L를 사용했습니다. 1 m²의 벽을 칠하는 데 사용한 페인트는 몇 L인지 구하세요.

(                    )

**03**

두부와 두유에 들어 있는 단백질의 양을 나타낸 것입니다. 두부와 두유가 각각 100 g일 때 두부에 들어 있는 단백질 양은 두유에 들어 있는 단백질 양의 몇 배인지 구하세요.

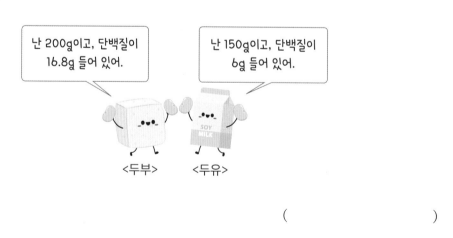

난 200g이고, 단백질이 16.8g 들어 있어.

난 150g이고, 단백질이 6g 들어 있어.

&lt;두부&gt;          &lt;두유&gt;

(                    )

**04**

∞
유형 02 **C**

길이가 12 cm인 양초가 있습니다. 이 양초는 일정한 빠르기로 25분 동안 4 cm씩 탄다고 합니다. 양초에 불을 붙인 지 18분이 지난 후 불을 껐다면 타고 남은 양초의 길이는 몇 cm인지 구하세요.

(          )

**05**

∞
유형 03 **A**

오른쪽 그림과 같이 둘레가 19.84 cm인 정사각형을 16칸으로 똑같이 나누었습니다. 빨간색 선으로 그린 도형의 둘레는 몇 cm인지 구하세요.

(          )

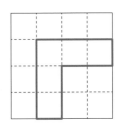

**06**

∞
유형 06 **A**

무게가 똑같은 책 20권이 들어 있는 상자의 무게가 36.5 kg입니다. 이 상자에서 책 6권을 꺼낸 후 다시 상자의 무게를 재어 보니 26.06 kg이었습니다. 책 16권의 무게는 몇 kg인지 구하세요.

(          )

**07** 기호 ★을 다음과 같이 약속할 때 26.48★8은 얼마인지 구하세요.

$$㉮ ★ ㉯ = (㉮ - ㉯) ÷ ㉯$$

(            )

**08**

유형 03 **C**

가로가 13.5 cm이고 세로가 6.8 cm인 직사각형이 있습니다. 이 직사각형의 세로를 2.2 cm 늘여서 넓이가 1.8 cm²만큼 더 넓어지게 직사각형을 다시 그리려고 합니다. 이때 직사각형의 가로는 몇 cm로 그려야 하는지 구하세요.

(            )

**09**

유형 04 **B**

5장의 수 카드 ⓪, ④, ①, ⑤, ② 중에서 4장을 골라 한 번씩 모두 사용하여 다음과 같은 나눗셈식을 만들려고 합니다. 몫이 가장 작게 되는 나눗셈식을 만들었을 때의 몫을 구하세요.

$$\boxed{\phantom{0}}\boxed{\phantom{0}}.\boxed{\phantom{0}} ÷ \boxed{\phantom{0}}$$

(            )

**10**

유형 05 Ⓐ

영민이는 기차역에서 기차를 타고 이모 댁까지 가려고 합니다. 일정한 빠르기로 한 시간에 168 km를 가는 기차로 1시간 15분 동안 갔더니 남은 거리가 10.8 km였습니다. 기차역에서 이모 댁까지 자동차로 가면 3시간이 걸립니다. 자동차의 빠르기가 일정하다면 자동차가 한 시간 동안 가는 거리는 몇 km인지 구하세요.

(            )

**11**

유형 06 Ⓓ

하영이의 시계는 일주일에 23.8분씩 느려집니다. 하영이가 이 시계를 월요일 오전 11시에 정확히 맞추어 놓았다면 같은 주의 수요일 오전 11시에 이 시계가 가리키는 시각은 오전 몇 시 몇 분 몇 초인지 구하세요.

오전 (            )

**12**

사다리꼴 ㄱㄴㄷㄹ의 넓이는 253.2 cm²입니다. 선분 ㄴㅁ의 길이는 몇 cm인지 구하세요.

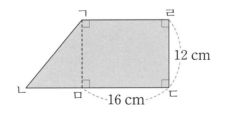

(            )

# 4

# 비와 비율

# 학습기록표

| 유형 01 | 학습일 |
| --- | --- |
| | 학습평가 |

## 비와 비율

| A | 비 |
| --- | --- |
| A+ | 비율 |

| 유형 02 | 학습일 |
| --- | --- |
| | 학습평가 |

## 여러 가지 비율 구하기

| A | 비율 |
| --- | --- |
| B | 타율 |
| C | 빠르기 |
| D | 할인율 |

| 유형 03 | 학습일 |
| --- | --- |
| | 학습평가 |

## 비교하는 양 구하기

| A | 비율 이용 |
| --- | --- |
| B | 백분율 이용 |

| 유형 04 | 학습일 |
| --- | --- |
| | 학습평가 |

## 비율의 활용

| A | 합격률 이용 |
| --- | --- |
| B | 불량률 이용 |
| C | 인상률 이용 |
| D | 길이의 변화율 이용 |

| 유형 05 | 학습일 |
| --- | --- |
| | 학습평가 |

## 이자율의 활용

| A | 이자율 |
| --- | --- |
| A+ | 찾을 수 있는 돈 |

| 유형 06 | 학습일 |
| --- | --- |
| | 학습평가 |

## 할인율의 활용

| A | 할인 금액 |
| --- | --- |
| B | 묶음 상품의 할인율 |
| C | 이익 |

| 유형 07 | 학습일 |
| --- | --- |
| | 학습평가 |

## 용액의 진하기의 활용

| A | 물 양이 달라질 때 |
| --- | --- |
| B | 소금 양이 달라질 때 |
| A+B | 두 소금물을 섞었을 때 |

| 유형 마스터 | 학습일 |
| --- | --- |
| | 학습평가 |

## 비와 비율

# 비와 비율

## A 비 구하기
A+

**1**

상자에 사과가 18개, 배가 12개 있습니다.
전체 과일 수에 대한 사과 수의 비를 구하세요.

문제해결

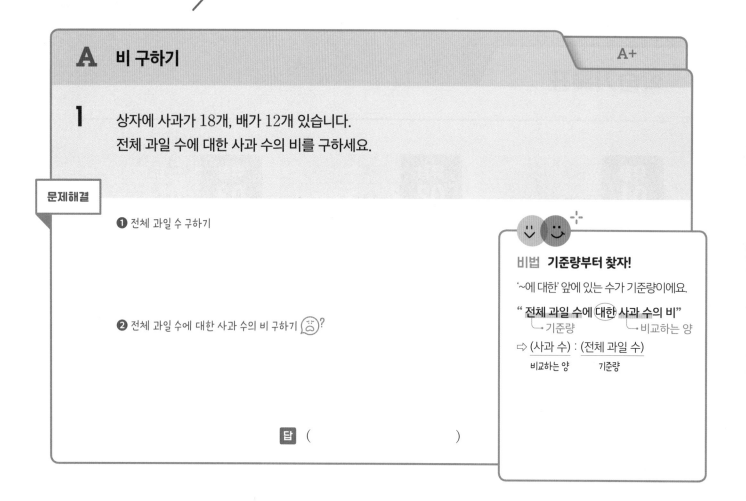

❶ 전체 과일 수 구하기

❷ 전체 과일 수에 대한 사과 수의 비 구하기 😣?

**비법 기준량부터 찾자!**

'~에 대한' 앞에 있는 수가 기준량이에요.

" 전체 과일 수에 대한 사과 수의 비"
└→기준량    └→비교하는 양

⇨ (사과 수) : (전체 과일 수)
   비교하는 양    기준량

답 (                    )

**2**

명주 어머니는 쿠키 40개를 구웠습니다. 그중에서 16개는 먹고 나머지는 이웃에게 나누어 주었습니다. 나누어 준 쿠키 수의 구운 전체 쿠키 수에 대한 비를 구하세요.

(                    )

**3**

상자 안에 귤과 한라봉이 모두 52개 들어 있습니다. 이 중에서 귤이 27개일 때 귤 수와 한라봉 수의 비를 구하세요.

'■와 ▲의 비'에서 앞의 수 ■가 비교하는 양,
뒤의 수 ▲가 기준량이 돼요.
⇨ ■ : ▲

(                    )

## A+ 비율 구하기

**A**

**4** 사과 300 g, 당근 100 g, 물 200 g을 넣어서 사과당근 주스를 만들었습니다.
사과 양의 사과당근 주스 양에 대한 비율을 소수로 나타내세요.

**문제해결**

❶ 사과당근 주스 양 구하기

❷ 사과 양의 사과당근 주스 양에 대한 비 구하기

❸ 사과 양의 사과당근 주스 양에 대한 비율을 소수로 나타내기 😵?

답 (                    )

**비법  비율을 나타내는 방법!**

비율은 비교하는 양을 기준량으로 나눈 값으로, 소수 또는 분수로 나타낼 수 있어요.

· **소수로 나타낼 때**
  ⇨ (비교하는 양)÷(기준량)

· **분수로 나타낼 때**
  ⇨ $\dfrac{(비교하는\ 양)}{(기준량)}$

**5** 잡곡밥을 하기 위해 백미 250 g, 현미 150 g, 흑미 50 g을 섞었습니다. 전체 잡곡량에 대한 현미 양의 비율을 기약분수로 나타내세요.

(                    )

**6** 어느 편의점에 바나나맛 우유가 15개, 딸기맛 우유가 11개, 흰 우유가 20개 있습니다. 바나나맛 우유와 딸기맛 우유를 합한 수와 흰 우유 수의 비율을 소수로 나타내세요.

(                    )

# 여러 가지 비율 구하기

**A** 비율 구하기

B C D

**1** 어느 영화관에서 가 영화는 관람석 200석 중 164명이 봤고,
나 영화는 관람석 300석 중 249명이 봤습니다.
가와 나 영화 중 관람석 수에 대한 관객 수의 비율이 더 높은 영화를 구하세요.

**문제해결**

❶ 가 영화의 관람석 수에 대한 관객 수의 비율 구하기 ?

❷ 나 영화의 관람석 수에 대한 관객 수의 비율 구하기

❸ 비율이 더 높은 영화 구하기

답 (                    )

**비법** **비율을 바로 구해!**

비교하는 양과 기준량을 찾아
$\dfrac{(비교하는\ 양)}{(기준량)}$으로 나타내면 비율을
분수로 바로 나타낼 수 있어요.

" 관람석 **200**석 중 **164**명 "

기준량 ← 164 → 비교하는 양
→ 200

**2** 윤아네 학교에서 높이뛰기 선수를 뽑으려고 합니다. 5학년에서는 80명이 참가하여 5명이 선발
되었고, 6학년에서는 60명이 참가하여 4명이 선발되었습니다. 5학년과 6학년 중 참가한 학생
수에 대한 선발된 학생 수의 비율이 더 높은 학년을 구하세요.

(                    )

**3** 진성이네 반 학급 문고에는 과학책 150권과 동화책 180권이 있습니다. 일주일 동안 과학책은
80권을 빌려 갔고, 동화책은 100권을 빌려 갔습니다. 과학책과 동화책 중 각 책 수에 대한 빌려
간 책 수의 비율이 더 높은 것을 구하세요.

(                    )

| A | **B** 타율 구하기 | C | D |

**4** 독수리 팀의 성적은 전체 350타수 중 150개의 안타를 쳤고,
사자 팀의 성적은 전체 420타수 중 200개의 안타를 쳤습니다.
독수리 팀과 사자 팀 중 <u>타율</u>이 더 높은 팀은 어디인지 구하세요.
　└ 전체 타수에 대한 안타 수의 비율

**문제해결**

❶ 독수리 팀의 타율 구하기

❷ 사자 팀의 타율 구하기

❸ 타율이 더 높은 팀 구하기

답 (　　　　　　　　)

**비법　타율이란!**

타율 : 전체 타수에 대한 안타 수의 비율

" 전체 **350타수** 중 **150개의 안타**"

기준량　　　　　비교하는 양
$$\dfrac{150}{350}$$

$$(타율)=\dfrac{(안타\ 수)}{(전체\ 타수)}$$

**5** ㉮ 선수는 180타수 중에서 안타를 45개 쳤고, ㉯ 선수는 150타수 중 안타를 33개 쳤습니다.
㉮ 선수와 ㉯ 선수 중 타율이 더 높은 선수는 누구인지 구하세요.

(　　　　　　　　)

└ 농구에서 한 선수에게 아무런 방해 없이 슛을 던져 1점을 얻을 수 있도록 기회를 주는 것.
**6** 농구 선수 Ⓐ는 자유투를 50번 던져서 22번 성공했고, Ⓑ는 80번 던져서 36번 성공했습니다.
Ⓐ 선수와 Ⓑ 선수 중 자유투 성공률이 더 높은 사람은 누구인지 구하세요.

(　　　　　　　　)

A  B

## C  빠르기 구하기

D

**7**
┌─ 빠르기: 걸린 시간에 대한 이동 거리의 비율
일정한 **빠르기**로 ㉮ 승용차는 35분 동안 42 km를 달렸고,
㉯ 승용차는 1시간 28분 동안 110 km를 달렸습니다.
㉮와 ㉯ 승용차 중 어느 것이 더 빨리 달렸는지 구하세요.

**문제해결**

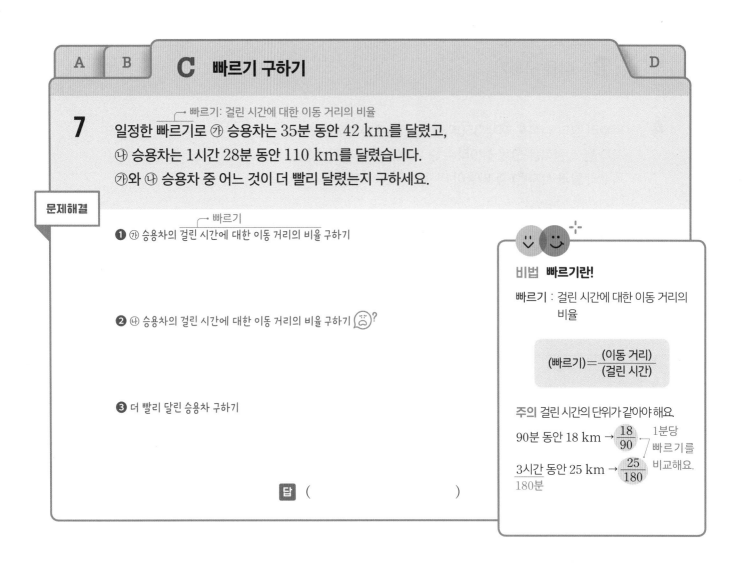

❶ ㉮ 승용차의 걸린 시간에 대한 이동 거리의 비율 구하기 (빠르기)

❷ ㉯ 승용차의 걸린 시간에 대한 이동 거리의 비율 구하기 😞?

❸ 더 빨리 달린 승용차 구하기

답 (                    )

**비법 빠르기란!**

빠르기 : 걸린 시간에 대한 이동 거리의 비율

$$(빠르기) = \frac{(이동\ 거리)}{(걸린\ 시간)}$$

**주의** 걸린 시간의 단위가 같아야 해요.

90분 동안 18 km → $\dfrac{18}{90}$ ┐ 1분당
                              │ 빠르기를
3시간 동안 25 km → $\dfrac{25}{180}$ ┘ 비교해요.
180분

**8** 일정한 빠르기로 ㉮ 고속 버스는 120 km를 가는 데 1시간 20분이 걸리고, ㉯ 고속 버스는 147 km를 가는 데 105분이 걸립니다. ㉮와 ㉯ 고속 버스 중 어느 것이 더 빨리 달리는지 구하세요.

(                    )

**9** 일정한 빠르기로 지운이는 450 m를 걷는 데 12분이 걸리고, 여정이는 1.8 km를 걷는 데 45분이 걸립니다. 두 사람 중 누가 더 빨리 걷는지 구하세요.

(                    )

| A | B | C | **D** 할인율 구하기 |

**10** 어느 신발 가게에서 40000원짜리 운동화를 할인해서 36000원에 팔고,
28000원짜리 샌들을 할인해서 23800원에 팔고 있습니다.
운동화와 샌들 중 할인율이 더 높은 것은 어느 것인지 구하세요.
└→ 원래 가격에 대한 할인 금액의 비율

**문제해결**

❶ 운동화의 할인율 구하기 😵?

❷ 샌들의 할인율 구하기

❸ 할인율이 더 높은 신발 구하기

답 (                    )

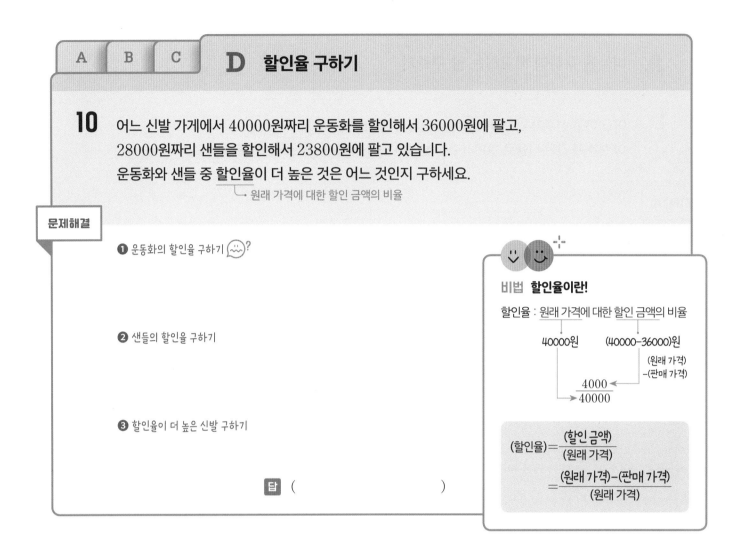

비법 **할인율이란!**

할인율 : 원래 가격에 대한 할인 금액의 비율

40000원    (40000−36000)원

(원래 가격)
−(판매 가격)

4000
40000

$$(할인율)=\frac{(할인\ 금액)}{(원래\ 가격)}$$
$$=\frac{(원래\ 가격)-(판매\ 가격)}{(원래\ 가격)}$$

**11** 어느 마트에서 4000원짜리 두부를 할인해서 3200원에 팔고, 5600원짜리 햄을 할인해서
4760원에 팔고 있습니다. 두부와 햄 중 할인율이 더 높은 것은 어느 것인지 구하세요.

(                    )

**12** 물건 값이나 요금 등을 올리는 것.
어느 문구점에서 800원짜리 공책을 인상하여 1000원에 팔고, 500원짜리 연필을 인상하여
650원에 팔기로 했습니다. 공책과 연필 중 인상률이 더 높은 것은 어느 것인지 구하세요.
└→ 원래 가격에 대한
인상 금액의 비율

(                    )

# 비교하는 양 구하기

## A 비율을 구하여 비교하는 양 구하기

B

**1** 어느 야구 선수가 250타수 중에서 안타를 35개 쳤습니다.
이 선수가 같은 타율로 300타수를 친다면 안타를 몇 개 치게 되는지 구하세요.

**문제해결**

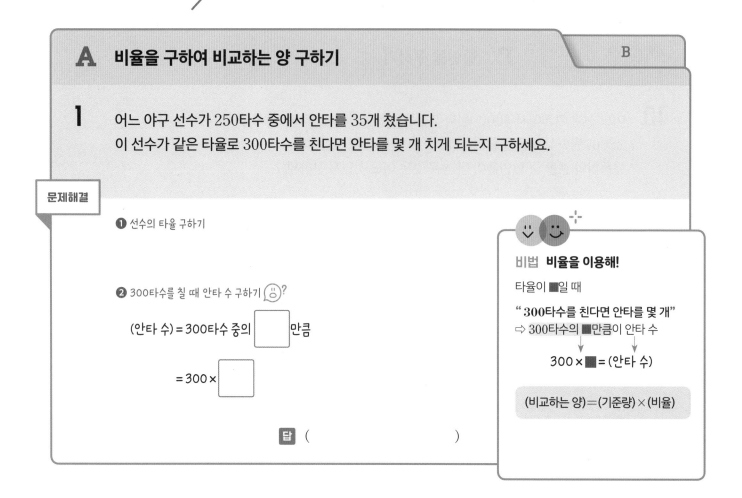

❶ 선수의 타율 구하기

❷ 300타수를 칠 때 안타 수 구하기

(안타 수) = 300타수 중의 ☐ 만큼

= 300 × ☐

답 ( )

**비법 비율을 이용해!**

타율이 ■일 때

" **300타수를 친다면 안타를 몇 개**"
⇨ 300타수의 ■만큼이 안타 수

300 × ■ = (안타 수)

(비교하는 양) = (기준량) × (비율)

**2** 빵을 만드는 데 밀가루 300 g에 설탕 120 g을 넣었습니다. 같은 비율로 밀가루 700 g으로 빵을 만들 때 설탕은 몇 g을 넣어야 하는지 구하세요.

( )

**3** 은지의 키는 150 cm입니다. 어느 날 낮 12시에 은지의 그림자가 100 cm였다면, 같은 시각 같은 곳에 높이가 6 m인 나무의 그림자는 몇 m인지 구하세요.

( )

| A | **B** 백분율을 이용하여 비교하는 양 구하기 |
|---|---|

**4** 진규네 학교 학생 회장 선거에서 진규는 52 %의 득표율로 회장에 당선되었습니다.
진규네 학교의 전체 투표자 수가 200명이라면 진규가 얻은 표는 몇 표인지 구하세요.

**문제해결**

❶ 진규의 득표율을 분수로 나타내기 😵‍💫?

❷ 진규가 얻은 표수 구하기

(진규가 얻은 표수) = 200명의 □ %만큼

= $200 \times \dfrac{\boxed{\phantom{00}}}{100}$

답 (                    )

**비법 백분율을 분수나 소수로 나타내!**

주의 백분율은 기준량을 100으로 할 때의 비율이므로 백분율을 기준량에 바로 곱하면 안 돼요.

⇨ 백분율을 100으로 나눠서 분수 또는 소수로 고친 다음 기준량에 곱해요.

■ % → $\dfrac{■}{100}$

→ ■ ÷ 100

**5** 어느 피자 가게에서 피자 한 판을 주문하면 피자값의 5 %만큼 적립해 줍니다. 이 가게에서 14000원짜리 피자 한 판을 시켰을 때의 적립금은 얼마인지 구하세요.

(                    )

**6** 어느 편의점에서 이번 달 도시락 판매량은 지난달 도시락 판매량의 120 %였습니다. 지난달 도시락 판매량이 250개라면 이번 달 도시락 판매량은 몇 개인지 구하세요.

(                    )

# 비율의 활용

## A 합격률을 알 때 합격생 수 구하기

B C D

**1** 어느 자격증 시험에서 합격자 수와 응시자 수의 비가 1 : 5였습니다.
이 시험에 응시한 사람이 240명이라면 합격한 사람은 몇 명인지 구하세요.

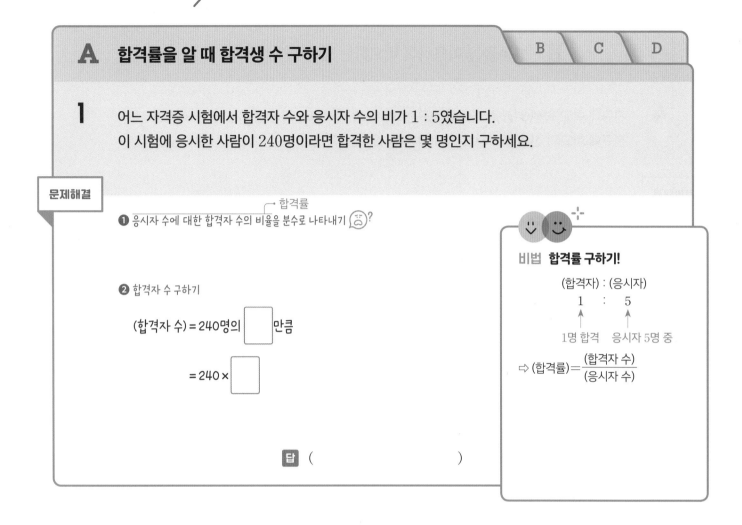

**문제해결**

❶ <u>응시자 수에 대한 합격자 수의 비율</u>을 분수로 나타내기 (ㄴ합격률) 😫 ?

❷ 합격자 수 구하기

(합격자 수) = 240명의 ☐ 만큼

= 240 × ☐

답 ( )

**비법** **합격률 구하기!**

(합격자) : (응시자)
1 : 5
1명 합격   응시자 5명 중

⇨ (합격률) = (합격자 수) / (응시자 수)

**2** 어느 미술 대회에 참가한 사람은 모두 840명입니다. 이 대회에서 참가한 사람 수에 대한 상을 받은 사람 수의 비가 3 : 10입니다. 상을 받은 사람은 몇 명인지 구하세요.

( )

응시자
합격자   불합격자

**3** 어느 대학의 입학 시험에서 합격자 수와 불합격자 수의 비가 1 : 8이었습니다. 입학 시험에 응시한 사람이 1800명이라면 합격한 사람은 몇 명인지 구하세요.

( )

| A | **B** 불량률을 알 때 불량품 수 구하기 | C | D |

**4** 　　　　　　　　　　　　　　　　　　　┌─ 전체 생산품 수에 대한 불량품 수의 비율
어느 형광등 공장에서 지난달에 생산한 형광등의 불량률은 2 %였습니다.
이번 달에는 지난달보다 불량률을 낮추려고 합니다.
이번 달에 형광등을 14000개 만든다면 불량품은 몇 개 미만이 되어야 하는지 구하세요.

**문제해결**

❶ 불량률을 분수로 나타내기

❷ 이번 달 불량률이 지난달과 같을 때 이번 달 불량품 수 구하기

(불량품 수) = 14000개의 ☐ %만큼

$$= 14000 \times \frac{\boxed{\phantom{00}}}{100}$$

❸ 불량품은 몇 개 미만이 되어야 하는지 구하기 ?

답 (　　　　　　　　　　　)

**비법  불량률과 불량품 수의 관계!**

불량률이 낮아지려면
불량품 수가 작아져야 해요.

**"불량률을 낮추려고 합니다."**

⇨ 불량률이 2 %보다 낮아야 해요.
⇨ 불량품 수가 전체의 2 %보다 작아야
해요.
⇨ 불량품 수가 전체의 2 % 미만이 되
어야 해요.

**5** 어느 볼펜 공장에서 작년에 볼펜을 28000개 생산했고, 생산한 볼펜의 불량률은 1.5 %였습니다. 올해는 작년보다 볼펜을 10000개 더 생산하고 불량률은 작년보다 낮추려고 합니다. 올해는 불량품이 몇 개 미만이 되어야 하는지 구하세요.

(　　　　　　　　　　　)

**6** 승우네 딸기 농장에서 어제 딸기 수확량의 4 %는 상품 가치가 떨어져서 판매하지 못했습니다. 오늘은 딸기를 150 kg 수확했고 어제보다 상품 가치가 떨어져 판매하지 못한 비율이 낮아졌다면, 오늘 판매한 딸기는 몇 kg 초과인지 구하세요.

(　　　　　　　　　　　)

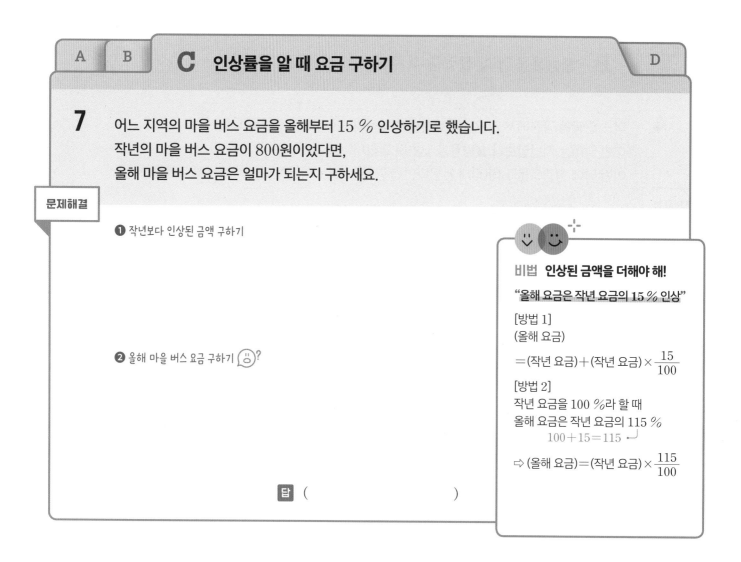

**A**  **B**  **C** 인상률을 알 때 요금 구하기  **D**

**7** 어느 지역의 마을 버스 요금을 올해부터 15 % 인상하기로 했습니다.
작년의 마을 버스 요금이 800원이었다면,
올해 마을 버스 요금은 얼마가 되는지 구하세요.

문제해결

❶ 작년보다 인상된 금액 구하기

❷ 올해 마을 버스 요금 구하기 ?

**비법** 인상된 금액을 더해야 해!

"올해 요금은 작년 요금의 15 % 인상"

[방법 1]
(올해 요금)

$= (작년 요금) + (작년 요금) \times \dfrac{15}{100}$

[방법 2]
작년 요금을 100 %라 할 때
올해 요금은 작년 요금의 115 %
$100 + 15 = 115$

$\Rightarrow$ (올해 요금) $= (작년 요금) \times \dfrac{115}{100}$

답 (                    )

**8** 어느 식당의 비빔밥 한 그릇의 가격이 작년에는 6000원이었는데 올해는 가격이 5 % 인상되었습니다. 올해 비빔밥 한 그릇의 가격은 얼마인지 구하세요.

(                    )

**9** 어느 TV 판매 대리점에서 1월 판매량은 80대였고, 2월에는 1월 판매량의 20 %만큼 늘었습니다. 3월에는 2월 판매량의 25 %만큼 늘었다면 3월 판매량은 몇 대인지 구하세요.

(                    )

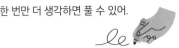

| A | B | C | **D 길이의 변화율을 알 때 넓이 구하기** |

**10** 오른쪽 직사각형의 가로만 20 %만큼 줄여서
직사각형을 새로 만들었습니다.
새로 만든 직사각형의 넓이는 몇 cm²인지 구하세요.

15 cm
25 cm

**문제해결**

❶ 새로 만든 직사각형의 가로는 처음 가로의 몇 %인지 구하기 ☺?

❷ 새로 만든 직사각형의 가로의 길이 구하기

❸ 새로 만든 직사각형의 넓이 구하기

답 ( )

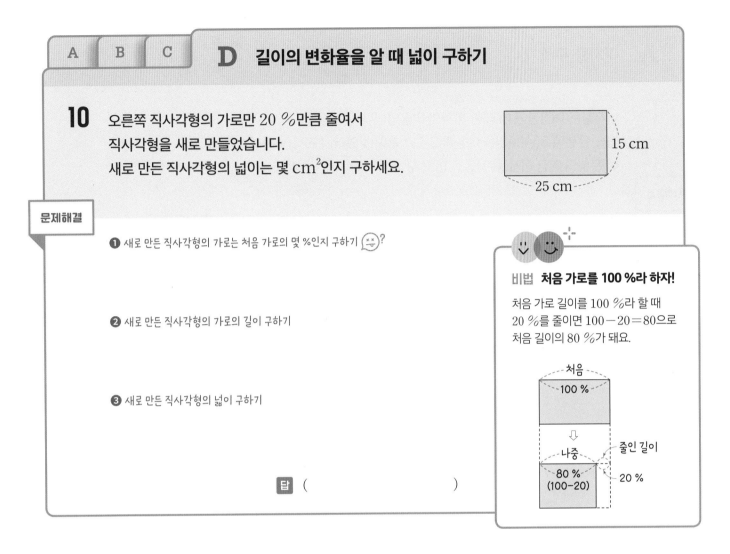

비법 **처음 가로를 100 %라 하자!**

처음 가로 길이를 100 %라 할 때
20 %를 줄이면 100−20＝80으로
처음 길이의 80 %가 돼요.

처음
100 %
⇩
나중   줄인 길이
80 %   20 %
(100−20)

**11** 오른쪽 직사각형의 세로만 25 % 줄여서 직사각형을 새로 만들었습니
다. 새로 만든 직사각형의 넓이는 몇 cm²인지 구하세요.

( )

36 cm
30 cm

**12** 오른쪽 평행사변형의 높이만 30 %만큼 줄여서 평행사변형
을 새로 만들었습니다. 새로 만든 평행사변형의 넓이는 몇
cm²인지 구하세요.

( )

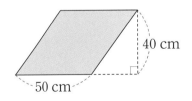

40 cm
50 cm

## A 이자율 구하기

A+

**1** 이자율은 예금한 돈에 대한 이자의 비율입니다.
원금이라고도 해요.
어느 은행에 50000원을 예금하고 1년 후에 찾았더니 52500원이 되었습니다.
이 은행의 예금 이자율은 몇 %인지 구하세요.

문제해결

❶ 이자 구하기

❷ 이자율이 몇 %인지 구하기 😫?

답 (                    )

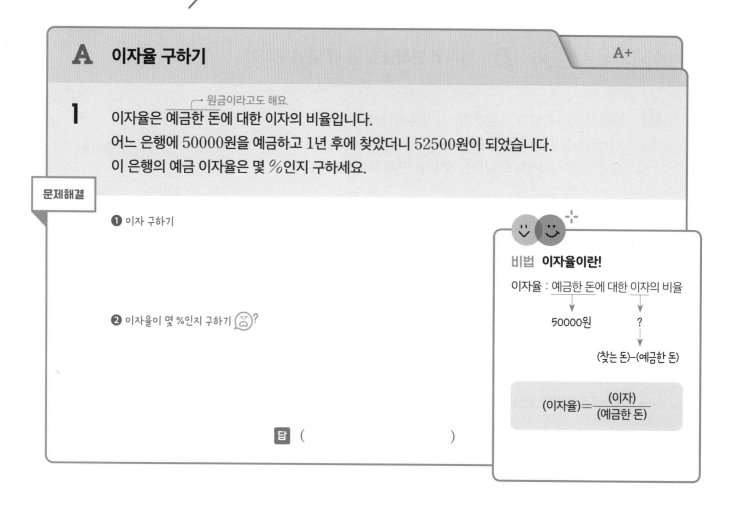

비법 **이자율이란!**

이자율 : 예금한 돈에 대한 이자의 비율
　　　　↓　　　　　↓
　　50000원　　　　?
　　　　　　　　(찾는 돈)-(예금한 돈)

$$(이자율) = \frac{(이자)}{(예금한 돈)}$$

**2** 어느 은행에 100000원을 예금하면 1년 후에 108000원을 찾을 수 있다고 합니다. 이 은행의 예금 이자율은 몇 %인지 구하세요.

(                    )

**3** ㉮ 은행은 200만 원을 예금하면 1년 후에 209만 원을 찾을 수 있고, ㉯ 은행은 150만 원을 예금하면 1년 후에 156만 원을 찾을 수 있습니다. 두 은행 중 이자율이 더 높은 은행은 어디인지 구하세요.

(                    )

## A

## A+ 이자율을 이용하여 찾을 수 있는 돈 구하기

**4** 민서는 은행에 300000원을 예금하여 1년 후에 312000원을 찾았습니다.
이 은행에 500000원을 예금하면 1년 후에 찾을 수 있는 돈은 모두 얼마인지 구하세요.
(단, 은행 이자율은 일정합니다.)

**문제해결**

❶ 이자율을 소수로 나타내기

❷ 500000원을 예금할 때 1년 후에 붙는 이자 구하기

❸ 1년 후에 찾을 수 있는 돈 구하기

답 (                    )

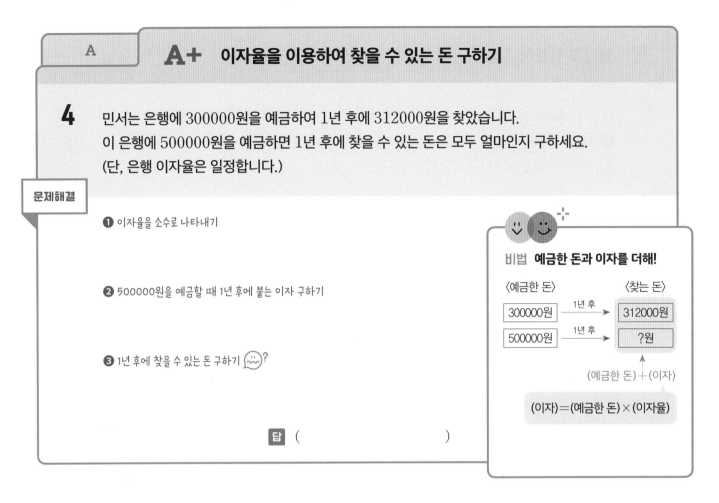

비법 예금한 돈과 이자를 더해!

〈예금한 돈〉 〈찾는 돈〉

300000원 →1년 후→ 312000원

500000원 →1년 후→ ?원

(예금한 돈)＋(이자)

(이자)＝(예금한 돈)×(이자율)

**5** 어느 은행에 650000원을 1년 동안 예금하면 669500원을 찾을 수 있다고 합니다. 현지가 이 은행에 900000원을 예금한다면 1년 후에 찾을 수 있는 돈은 모두 얼마인지 구하세요.(단, 은행 이자율은 일정합니다.)

(                    )

**6** 진하는 은행에 40만 원을 1년 동안 예금하여 416000원을 찾았습니다. 찾은 돈을 다시 1년 동안 이 은행에 맡긴다면 진하가 1년 후에 찾을 수 있는 돈은 모두 얼마인지 구하세요.(단, 은행 이자율은 일정합니다.)

(                    )

**A** 할인율 적용하여 할인 금액 구하기

B    C

**1** 어느 가게에서 1500원짜리 아이스크림을 할인하여 1200원에 팔고 있습니다.
할인율이 일정하다면 이 가게에서 3200원짜리 아이스크림을 살 때
할인받는 금액은 얼마인지 구하세요.

문제해결

❶ 할인율을 기약분수로 나타내기 ?

❷ 3200원짜리 아이스크림을 살 때 할인받는 금액 구하기

답 (                    )

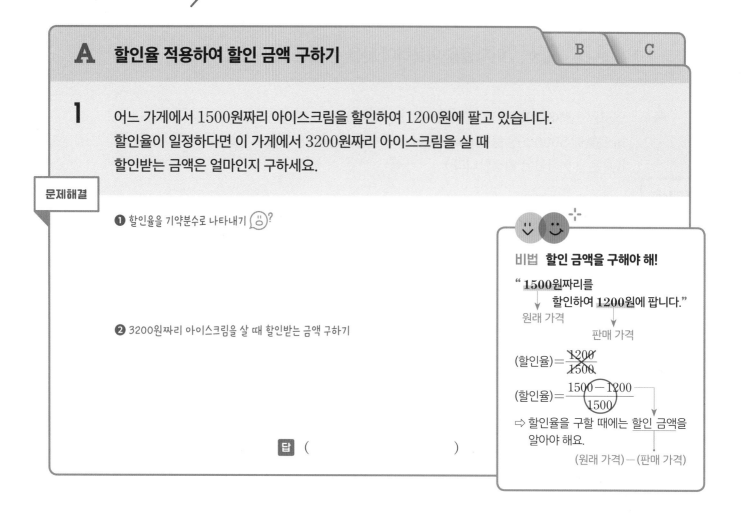

비법 **할인 금액을 구해야 해!**

" **1500원**짜리를
할인하여 **1200원**에 팝니다."
원래 가격
판매 가격

(할인율)=$\dfrac{1200}{1500}$

(할인율)=$\dfrac{1500-1200}{1500}$

⇨ 할인율을 구할 때에는 할인 금액을
알아야 해요.
(원래 가격)-(판매 가격)

**2** 어느 옷 가게에서 38000원짜리 바지를 할인하여 32300원에 팔고 있습니다. 같은 할인율로 셔
츠도 할인하여 팔고 있다면 26000원짜리 셔츠를 살 때 할인받는 금액은 얼마인지 구하세요.

(                    )

**3** 어느 반찬 가게에서 5000원짜리 멸치볶음을 할인하여 3750원에 팔고 있습니다. 모든 반찬의
할인율이 같을 때 6400원짜리 불고기의 판매 가격을 구하세요.

(                    )

## B 묶음 상품의 할인율 구하기

A                                                    C

**4** 어느 과일 가게에서 어제는 한 봉지에 배 4개를 담아 10000원에 팔았습니다.
오늘은 똑같은 배를 한 봉지에 6개를 담아 12000원에 팔고 있습니다.
오늘 배 한 개의 할인율은 몇 %인지 구하세요.

**문제해결**

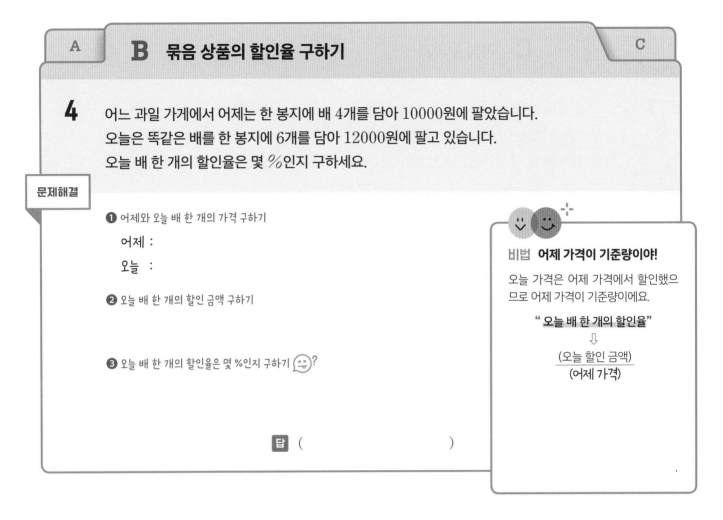

❶ 어제와 오늘 배 한 개의 가격 구하기

어제 :

오늘 :

❷ 오늘 배 한 개의 할인 금액 구하기

❸ 오늘 배 한 개의 할인율은 몇 %인지 구하기 ?

**비법 어제 가격이 기준량이야!**

오늘 가격은 어제 가격에서 할인했으
므로 어제 가격이 기준량이에요.

" 오늘 배 한 개의 할인율"
⇩
$\dfrac{(오늘\ 할인\ 금액)}{(어제\ 가격)}$

**답** (                    )

**5** 어느 빵집에서 똑같은 빵을 오전에는 한 묶음에 5개씩 넣어서 8000원에 팔고, 오후에는 한 묶음
에 8개씩 넣어서 9600원에 팝니다. 오후에 빵 한 개의 할인율은 몇 %인지 구하세요.

(                    )

**6** 예빈이네 집 앞 편의점에서는 라면 4개가 들어 있는 한 묶음을 5200원에 팝니다. 어느 날 이 라
면 한 묶음을 사면 한 개를 더 주는 행사를 하고 있습니다. 이날 라면 한 개의 할인율은 몇 %인지
구하세요.

(                    )

A  B  **C 이익 구하기**

**7** 어느 옷 가게에서 원가가 20000원인 옷을 사 와서 40 %의 이익을 붙여 정가를 정했습니다.
할인 기간에 정가의 20 %를 할인하여 판다면
이 옷 한 벌을 팔 때 생기는 이익은 얼마인지 구하세요.

**문제해결**

❶ 정가 구하기 ?

❷ 할인 기간에 판매한 가격 구하기

❸ 이익 구하기

답 (                    )

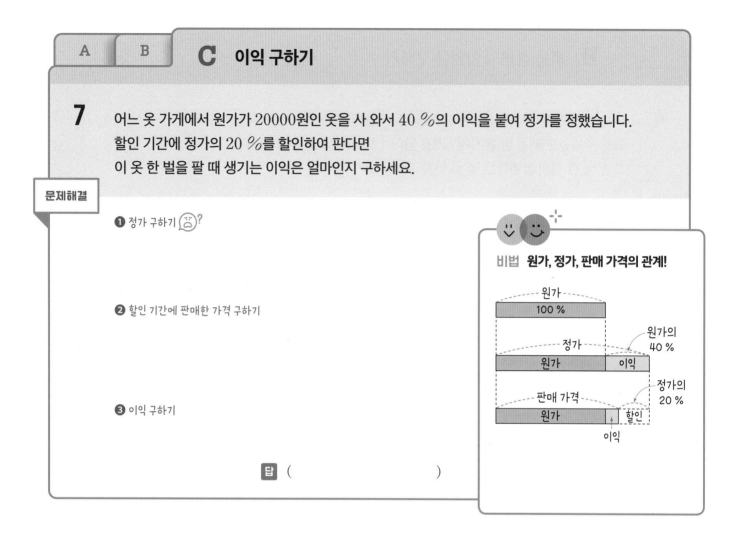

비법 **원가, 정가, 판매 가격의 관계!**

**8** 어느 슈퍼마켓에서 원가가 8000원인 닭강정 한 통에 30 %의 이익을 붙여 정가를 정했습니다.
영업 시간이 끝나기 전에 닭강정을 정가의 15 %를 할인하여 팔려고 합니다. 이 닭강정 한 통을
팔 때 생기는 이익은 얼마인지 구하세요.

(                    )

**9** 학교 앞 문구점에서 원가가 640원인 공책 한 권에 25 %의 이익을 붙여 정가를 정했습니다. 새
학기를 맞이하여 정가의 10 %를 할인하여 팔려고 합니다. 이 공책을 팔아서 10000원의 이익
을 남기려면 몇 권을 팔아야 하는지 구하세요.

(                    )

A  물 양이 달라질 때 진하기 구하기

B    A+B

1  ┌→ (설탕물)＝(설탕)＋(물)
설탕물의 진하기는 설탕물 양에 대한 설탕 양의 비율입니다.
설탕 15 g이 녹아 있는 설탕물 300 g이 있습니다.
이 설탕물을 햇빛이 드는 창가에 두었더니 물 50 g이 증발했습니다.
물이 증발한 후 설탕물의 진하기는 몇 %가 되는지 구하세요.

문제해결

❶ 물 50g이 증발한 후 설탕물 양과 설탕 양 구하기

설탕물 양 : ☐ g

설탕 양 : ☐ g

❷ 물이 증발한 후 설탕물의 진하기 구하기 ?

답 (                    )

비법  물은 줄고, 설탕은 그대로야!

설탕물이 증발하면 물 양만 줄어들고,
설탕 양은 그대로예요.

$$(진하기)＝\frac{(설탕)}{(설탕물)}$$

〈진하기〉　〈처음〉　　〈증발 후〉

$$\frac{(설탕)}{(설탕물)}＝\frac{15\ g}{300\ g}\ \xrightarrow[50\ g\ 증발]{그대로}\ \frac{15\ g}{■\ g}$$

2  그릇에 담긴 물 270 g에 소금 20 g을 섞어서 햇볕 아래에 두었습니다. 이때 물 40 g이 증발했
다면 소금물의 진하기는 몇 %가 되는지 구하세요.

(                    )

3  물 300 g에 소금 40 g을 녹여 소금물을 만들었습니다. 여기에 물 60 g을 더 부으면 소금물의
진하기는 몇 %가 되는지 구하세요.

(                    )

## A · B 소금 양이 달라질 때 진하기 구하기 · A+B

**4** 진하기가 10 %인 소금물 250 g에 소금 50 g을 더 넣었습니다.
소금을 더 넣은 후 소금물의 진하기는 몇 %가 되는지 구하세요.

**문제해결**

❶ 진하기가 10 %인 소금물 250g에서 소금 양 구하기

❷ 소금을 더 넣은 후 소금물 양과 소금 양 구하기
  소금물 양 :
  소금 양 :

❸ 소금을 더 넣은 후 소금물의 진하기 구하기 😀?

답 (                    )

비법 **소금을 더 넣으면
소금물, 소금 모두 늘어나!**

(소금물)=(물)+(소금)의 양이므로 소금 양이 늘어나면 소금물 양도 소금 양만큼 늘어나요.

〈진하기〉 〈처음〉 〈더 넣은 후〉
$\dfrac{(소금)}{(소금물)} = \dfrac{■\ g}{250\ g} \xrightarrow[+50\ g]{+50\ g} \dfrac{(■+50)g}{300\ g}$

**5** 진하기가 4 %인 설탕물 400 g에 설탕 80 g을 더 넣었습니다. 설탕을 더 넣은 후 설탕물의 진하기는 몇 %가 되는지 구하세요.

(                    )

**6** 진하기가 20 %인 소금물 750 g에 소금 몇 g을 더 넣었더니 소금물 800 g이 되었습니다. 소금을 더 넣은 후 소금물의 진하기는 몇 %가 되는지 구하세요.

(                    )

| A | B | **A+B** 진하기가 다른 두 소금물을 섞었을 때 진하기 구하기 |

**7** ㉮ 그릇에는 소금 62 g이 녹아 있는 소금물 400 g이 있고,

㉯ 그릇에는 진하기가 12 %인 소금물 300 g이 있습니다.

두 그릇의 소금물을 섞어서 만든 소금물의 진하기는 몇 %가 되는지 구하세요.

**문제해결**

❶ ㉯ 그릇의 소금 양과 섞은 소금물의 소금물 양과 소금 양 구하기

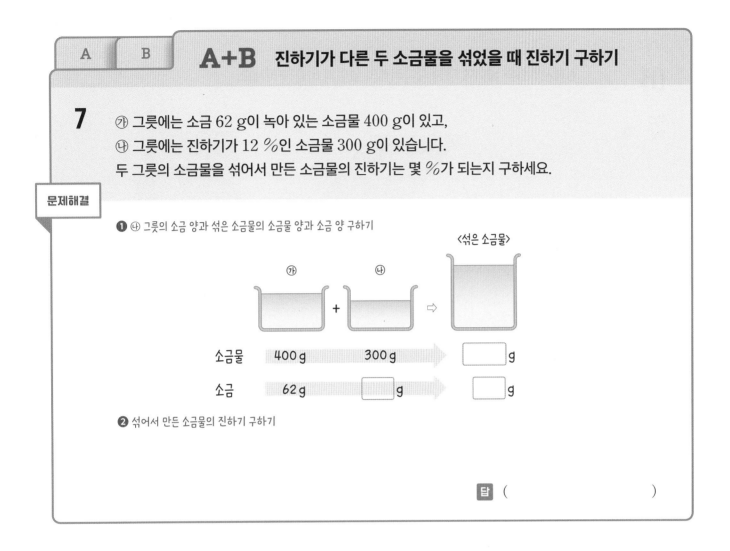

❷ 섞어서 만든 소금물의 진하기 구하기

답 (                    )

**8** 진하기가 16 %인 소금물 650 g과 소금 46 g이 녹아 있는 소금물 350 g을 섞었습니다. 이때 만들어진 소금물의 진하기는 몇 %가 되는지 구하세요.

(                    )

**9** 진하기가 18 %인 설탕물 400 g과 진하기가 27 %인 설탕물 500 g을 섞었습니다. 이때 만들어진 설탕물의 진하기는 몇 %가 되는지 구하세요.

(                    )

**01**

유형 01 Ⓐ

평행사변형의 넓이에 대한 사다리꼴의 넓이의 비를 구하세요.

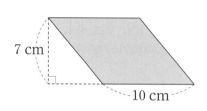
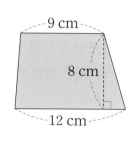

( )

**02**

유형 01 A+

방과후수업으로 로봇 만들기 반을 신청한 학생은 모두 40명입니다. 그중에서 4학년이 10명, 5학년이 14명, 나머지는 모두 6학년입니다. 로봇 만들기 반을 신청한 전체 학생 수에 대한 6학년 학생 수의 비율을 소수로 나타내세요.

( )

**03**

진희는 마을 지도를 그렸습니다. 진희네 집에서 공원까지 실제 거리는 120 m인데 지도에는 3 cm로 그렸습니다. 진희네 집에서 공원까지 실제 거리에 대한 지도에서의 거리의 비율을 기약분수로 나타내세요.

( )

**04**

유형 02 **D**

어느 초등학교에서 작년에 학생들의 1인당 급식비가 5000원이었는데 올해는 5400원으로 올렸습니다. 올해 1인당 급식비의 인상률은 몇 %인지 구하세요.

(                    )

**05**

지성이네 자동차는 252 km를 가는 데 휘발유 18 L가 필요합니다. 지성이네 자동차로 131.6 km를 갈 때 필요한 휘발유의 양은 몇 L인지 구하세요.(단, 휘발유 양에 대한 이동 거리의 비율은 일정합니다.)

(                    )

**06**

유형 03 **B**

경호네 포도 농장에서 포도를 840 kg 수확했는데 이 중에서 5 %는 상품 가치가 떨어져서 팔 수 없습니다. 팔 수 없는 포도의 30 %로 포도잼을 만들었다면, 포도잼을 만드는 데 사용한 포도는 몇 kg인지 구하세요.

(                    )

**07**

유형 05 A+

어느 은행에 45만 원을 1년 동안 예금하였더니 이자로 13500원을 받았습니다. 이 은행에 100만 원을 예금한다면 1년 후에 찾을 수 있는 금액은 얼마인지 구하세요.(단, 은행 이자율은 일정합니다.)

(                         )

**08**

유형 06 B

어느 편의점에서 500원짜리 과자 3개를 사면 1개를 더 주는 행사를 하고 있습니다. 이때 과자 한 개의 할인율은 몇 %인지 구하세요.

(                         )

**09**

지난주에 박물관을 방문한 어린이는 800명이었고 어른은 480명이었습니다. 이번 주에는 어린이가 지난주의 10 %만큼 줄고, 어른은 지난주의 5 %만큼 늘었다면 이번 주에 박물관을 방문한 어린이와 어른은 모두 몇 명인지 구하세요.

(                         )

**10**

🔗 유형 06 C

어느 마트에서 원가가 10000원인 물건을 사 와서 25 %만큼의 이익을 붙여서 정가를 정했습니다. 마감 할인 행사 시간에 정가의 10 %를 할인하여 판다면 이 물건 한 개를 팔 때 생기는 이익은 얼마인지 구하세요.

(            )

**11**

다음 조건을 모두 만족하는 비를 구하세요.

> • 비율이 0.88입니다.
> • 기준량과 비교하는 양의 차가 6입니다.

(            )

**12**

🔗 유형 07 A+B

㉮ 비커에는 진하기가 15 %인 소금물 300 g이 들어 있고, ㉯ 비커에는 진하기가 다른 소금물이 들어 있습니다. 두 비커에 들어 있는 소금물을 섞었더니 진하기가 20 %인 소금물 800 g이 되었습니다. ㉯ 비커에 들어 있는 소금물의 진하기는 몇 %인지 구하세요.

(            )

# 5
# 여러 가지 그래프

# 학습기록표

# 그림그래프

## A 평균을 이용하여 항목의 양 구하기 B

**1** 마을별 학생 수를 조사하여 나타낸 그림그래프입니다.

네 마을의 학생 수의 평균이 320명일 때, **라** 마을의 학생은 몇 명인지 그림그래프에 나타내세요.

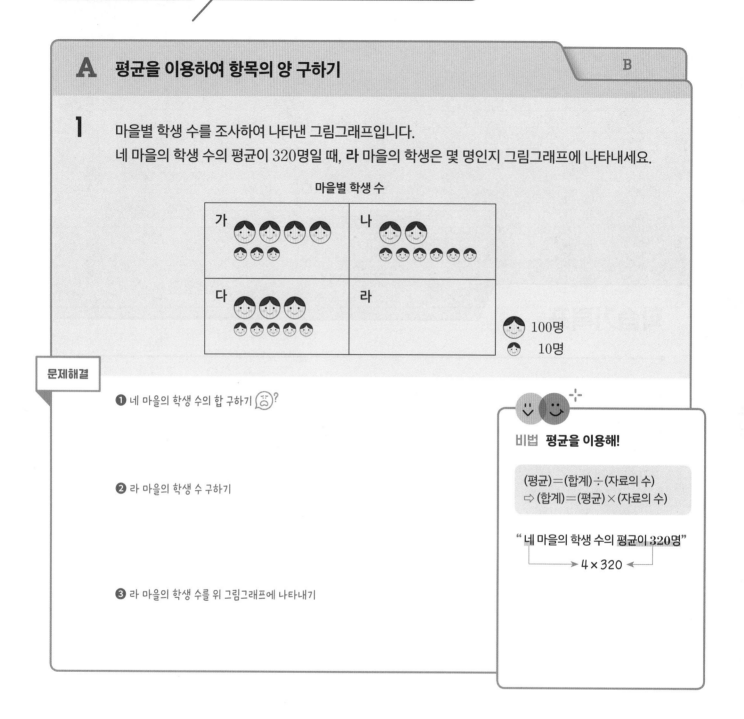

마을별 학생 수

100명
10명

**문제해결**

❶ 네 마을의 학생 수의 합 구하기

❷ 라 마을의 학생 수 구하기

❸ 라 마을의 학생 수를 위 그림그래프에 나타내기

**비법 평균을 이용해!**

(평균)=(합계)÷(자료의 수)
⇨ (합계)=(평균)×(자료의 수)

" 네 마을의 학생 수의 평균이 320명"
4 × 320

**2** 농장별 달걀 생산량을 조사하여 나타낸 그림그래프입니다. 네 농장의 달걀 생산량의 평균이
4300개일 때, **다** 농장의 달걀 생산량은 몇 개인지 그림그래프에 나타내세요.

농장별 달걀 생산량

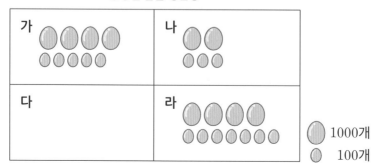

1000개
100개

당신을 응원합니다. 오늘도 파이팅!

## B  두 항목의 관계를 이용하여 항목의 양 구하기

**3** 과수원별 사과 생산량을 조사하여 나타낸 그림그래프입니다.
네 과수원의 생산량의 평균은 2800 kg이고, 라 과수원의 생산량은 다 과수원의 생산량보다
300 kg 더 많습니다. 라 과수원의 생산량은 몇 kg인지 구하세요.

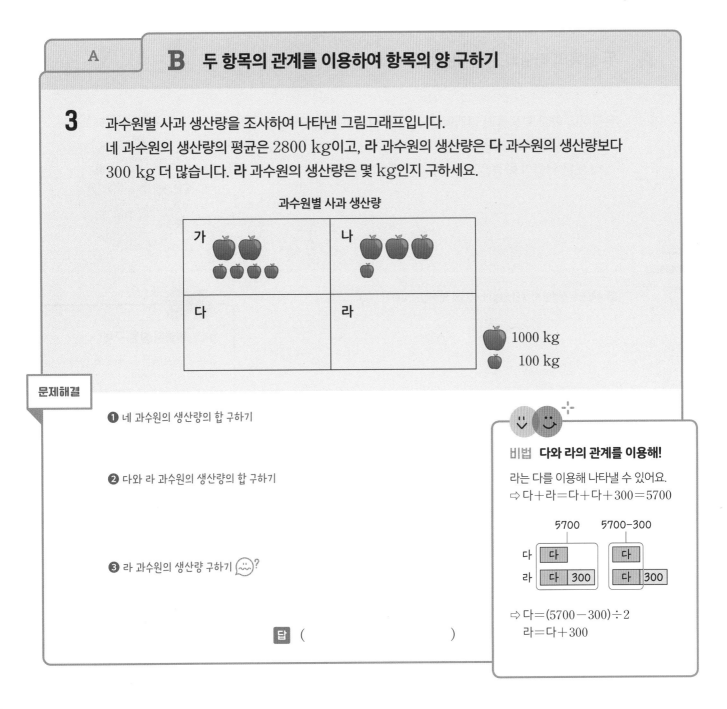

과수원별 사과 생산량

🍎 1000 kg
🍎 100 kg

**문제해결**

❶ 네 과수원의 생산량의 합 구하기

❷ 다와 라 과수원의 생산량의 합 구하기

❸ 라 과수원의 생산량 구하기 ?

답 (                    )

**비법  다와 라의 관계를 이용해!**

라는 다를 이용해 나타낼 수 있어요.
⇨ 다＋라＝다＋다＋300＝5700

5700        5700-300

다  [ 다 ]        [ 다 ]
라  [ 다 | 300 ]   [ 다 | 300 ]

⇨ 다＝(5700−300)÷2
　라＝다＋300

**4** 학급별 학급 문고 수를 조사하여 나타낸 그림
그래프입니다. 다섯 반의 학급 문고 수의 평균
이 160권이고, 3반의 학급 문고 수는 4반의 학
급 문고 수보다 30권 적습니다. 4반의 학급 문
고 수는 몇 권인지 구하세요.

(                    )

학급별 학급 문고 수

| 학급 | 학급 문고 수 |
|---|---|
| 1반 | 📖📖📖📖 |
| 2반 | 📖📖📖📖📖 |
| 3반 | |
| 4반 | |
| 5반 | 📖📖📖📖📖📖 |

📖 100권   📖 10권

**A** 두 항목의 비율의 합을 이용하여 구하기

B C D

**1** 은정이네 학교 학생들의 혈액형을 조사하여 나타낸 원그래프입니다. 조사한 학생 수가 420명이라면 A형 또는 B형인 학생은 모두 몇 명인지 구하세요.

혈액형별 학생 수

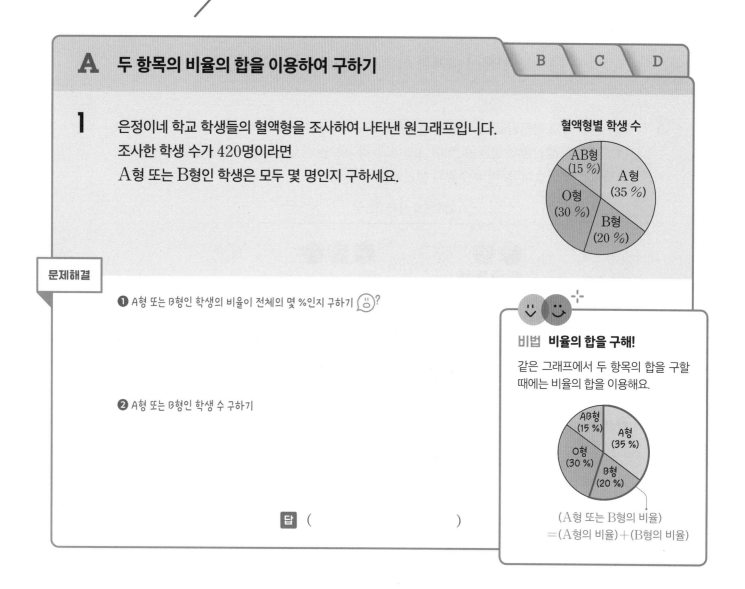

**문제해결**

❶ A형 또는 B형인 학생의 비율이 전체의 몇 %인지 구하기 🙂?

❷ A형 또는 B형인 학생 수 구하기

**비법** **비율의 합을 구해!**

같은 그래프에서 두 항목의 합을 구할 때에는 비율의 합을 이용해요.

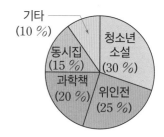

(A형 또는 B형의 비율)
=(A형의 비율)＋(B형의 비율)

답 (                    )

**2** 지수네 학교 6학년 학생들이 좋아하는 책의 종류를 조사하여 나타낸 원그래프입니다. 조사한 학생 수가 240명이라면 위인전 또는 과학책을 좋아하는 학생은 모두 몇 명인지 구하세요.

책의 종류별 학생 수

(                    )

**3** 재호가 한 달 동안 모은 동전의 수를 조사하여 나타낸 띠그래프입니다. 모은 동전의 수가 380개라면 100원짜리 동전 또는 50원짜리 동전은 모두 몇 개인지 구하세요.

종류별 동전 수

| 500원 (25 %) | 100원 (45 %) | 50원 (20 %) | 10원 (10 %) |
| --- | --- | --- | --- |

(                    )

| A | **B** 두 비율그래프 비교하기 | | C | D |

**4** ㉮, ㉯ 두 마을의 가로수 종류를 조사하여 나타낸 띠그래프입니다.
㉮ 마을의 가로수는 600그루이고, ㉯ 마을의 가로수는 800그루입니다.
은행나무는 어느 마을이 몇 그루 더 많은지 구하세요.

종류별 가로수 수

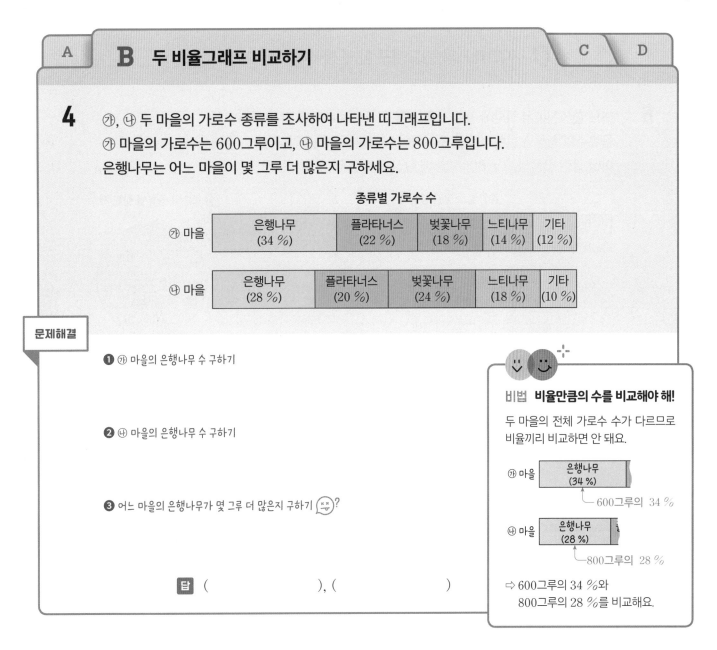

㉮ 마을
| 은행나무 (34 %) | 플라타너스 (22 %) | 벚꽃나무 (18 %) | 느티나무 (14 %) | 기타 (12 %) |

㉯ 마을
| 은행나무 (28 %) | 플라타너스 (20 %) | 벚꽃나무 (24 %) | 느티나무 (18 %) | 기타 (10 %) |

문제해결

❶ ㉮ 마을의 은행나무 수 구하기

❷ ㉯ 마을의 은행나무 수 구하기

❸ 어느 마을의 은행나무가 몇 그루 더 많은지 구하기 ?

답 ( ), ( )

비법 **비율만큼의 수를 비교해야 해!**

두 마을의 전체 가로수 수가 다르므로
비율끼리 비교하면 안 돼요.

㉮ 마을 | 은행나무 (34 %) |
└─ 600그루의 34 %

㉯ 마을 | 은행나무 (28 %) |
└─ 800그루의 28 %

⇨ 600그루의 34 %와
800그루의 28 %를 비교해요.

**5** 어느 과일 가게에서 6월과 7월에 팔린 과일의 양을 조사하여 나타낸 원그래프입니다. 6월에 팔린 과일은 800 kg이고, 7월에 팔린 과일은 960 kg입니다. 6월과 7월 중 팔린 복숭아 양이 더 많은 달을 구하고, 몇 kg 더 많이 팔렸는지 구하세요.

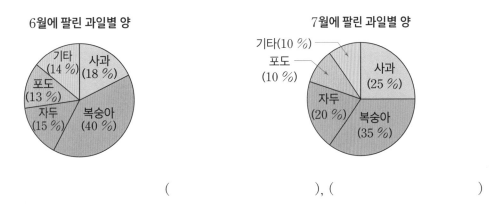

6월에 팔린 과일별 양

기타(14 %), 사과(18 %), 포도(13 %), 자두(15 %), 복숭아(40 %)

7월에 팔린 과일별 양

기타(10 %), 포도(10 %), 사과(25 %), 자두(20 %), 복숭아(35 %)

( ), ( )

| A | B | **C 띠그래프와 원그래프 함께 해석하기** | | D |

**6** 어느 편의점에서 하루에 팔린 상품 수를 조사하여 나타낸 띠그래프와
음료수의 종류별 팔린 개수를 조사하여 나타낸 원그래프입니다.
이날 팔린 상품이 모두 800개일 때 탄산 음료는 몇 개 팔렸는지 구하세요.

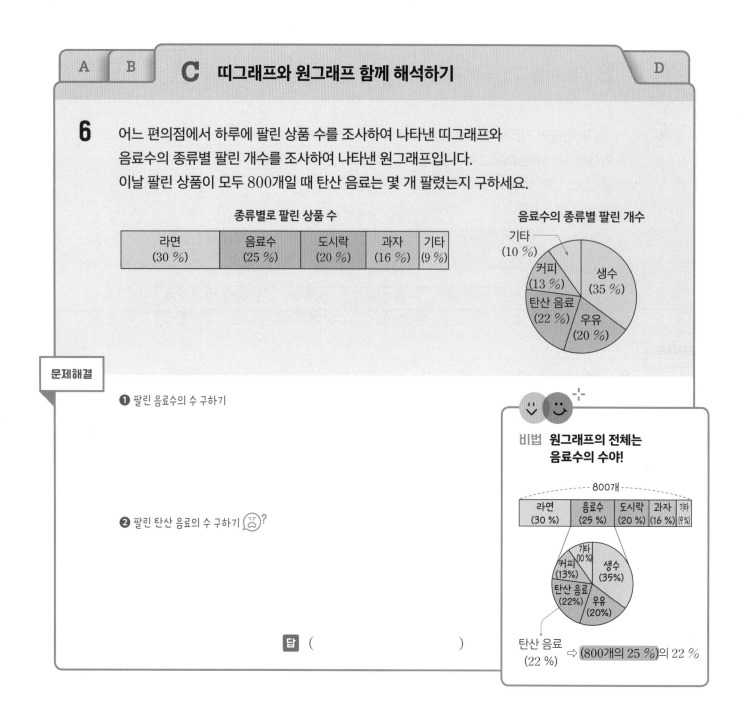

종류별로 팔린 상품 수

| 라면<br>(30 %) | 음료수<br>(25 %) | 도시락<br>(20 %) | 과자<br>(16 %) | 기타<br>(9 %) |

음료수의 종류별 팔린 개수

기타 (10 %)
커피 (13 %)
생수 (35 %)
탄산 음료 (22 %)
우유 (20 %)

**문제해결**

❶ 팔린 음료수의 수 구하기

❷ 팔린 탄산 음료의 수 구하기 ?

비법 **원그래프의 전체는 음료수의 수야!**

800개

| 라면<br>(30 %) | 음료수<br>(25 %) | 도시락<br>(20 %) | 과자<br>(16 %) | 기타<br>(9 %) |

기타 (10 %)
커피 (13 %)
생수 (35 %)
탄산 음료 (22 %)
우유 (20 %)

탄산 음료 (22 %) ⇨ (800개의 25 %)의 22 %

답 (                    )

**7** 어느 회사에서 새로 만든 라면에 대해 설문 조사를 하여 나타낸 그래프입니다. 설문에 답한 사람
이 모두 5000명일 때, 가격이 불만족스럽다고 답한 사람은 몇 명인지 구하세요.

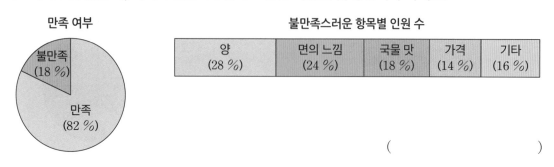

만족 여부

불만족 (18 %)
만족 (82 %)

불만족스러운 항목별 인원 수

| 양<br>(28 %) | 면의 느낌<br>(24 %) | 국물 맛<br>(18 %) | 가격<br>(14 %) | 기타<br>(16 %) |

(                    )

| A | B | C | **D** 기타 항목의 일부 구하기 |

**8** 영규네 학교 학생 350명이 좋아하는 반찬을 조사하여 나타낸 원그래프입니다.
멸치볶음을 좋아하는 학생이 기타에 속하는 학생의 25 %일 때 멸치볶음을 좋아하는 학생은 몇 명인지 구하세요.

좋아하는 반찬별 학생 수

기타 (8 %)
두부조림 (16 %)
계란말이 (32 %)
불고기 (20 %)
햄볶음 (24 %)

**문제해결**

❶ 기타에 속하는 학생 수 구하기



❷ 멸치볶음을 좋아하는 학생 수 구하기 ?



답 (                    )

비법  **부분의 부분을 구하는 거야!**

부분 ❶ 기타
→ 전체의 8 %

부분 ❷ 기타의 25 %
→ 부분 ❶의 25 %
→ 전체의 8 %의 25 %

**9** 규민이가 빵을 만드는 데 사용한 재료의 양을 나타낸 원그래프입니다. 사용한 재료가 모두 650 g이고 그중 버터의 양이 기타에 속하는 재료의 50 %일 때 사용한 버터의 양은 몇 g인지 구하세요.

사용한 재료의 양

기타 (4 %)
우유 (12 %)
설탕 (19 %)
달걀 (44 %)
밀가루 (21 %)

(                    )

**10** 승주네 학교 학생 250명이 좋아하는 과일을 조사하여 나타낸 띠그래프입니다. 키위를 좋아하는 학생이 기타에 속하는 학생의 20 %일 때 키위를 좋아하는 학생은 몇 명인지 구하세요.

좋아하는 과일별 학생 수

| 사과 (30 %) | 귤 (22 %) | 배 (20 %) | 복숭아 (16 %) | 기타 (12 %) |
|---|---|---|---|---|

(                    )

## A 비율을 구하여 항목의 양 구하기

B C D

**1** 현희네 학교 학생들이 등교하는 데 걸리는 시간을 조사하여 나타낸 띠그래프입니다.
조사한 학생 수가 200명이라면 등교 시간이 30분 이상 45분 미만인 학생은 몇 명인지 구하세요.

등교하는 데 걸리는 시간대별 학생 수

| 15분 미만 (35 %) | 15분 이상 30분 미만 (30 %) | 30분 이상 45분 미만 | |
|---|---|---|---|

└ 45분 이상
(10 %)

**문제해결**

❶ 30분 이상 45분 미만인 학생은 전체의 몇 %인지 구하기 ?

**비법  전체는 100 %!**

띠그래프에서 모든 항목의 비율의 합은
100 %가 되어야 해요.

| ㉠ (A %) | ㉡ (B %) | ㉢ (C %) | ㉣ (D %) |
|---|---|---|---|

⇨ $A+B+C+D=100$
$C=100-(A+B+D)$

❷ 30분 이상 45분 미만인 학생 수 구하기

답 (                    )

**2** 어느 도시의 20대 300명을 대상으로 주로 관람하는 공연이 무엇인지 조사하여 나타낸 띠그래프
입니다. 주로 관람하는 공연이 연극이라고 답한 사람은 몇 명인지 구하세요.

주로 관람하는 공연별 사람 수

| 뮤지컬 (30 %) | 콘서트 (25 %) | 연극 | 전시 (15 %) | 기타 (10 %) |
|---|---|---|---|---|

(                    )

**3** 진규네 학교 6학년 학생 120명을 대상으로 한 달에 책을 평균 몇 권
읽는지 조사하여 나타낸 원그래프입니다. 평균 3권 이상 읽는 학생은
몇 명인지 구하세요.

(                    )

월평균 독서량

0권
(5 %)
4권
이상
1권
(35 %)
3권
2권
(25 %)

| A | **B** 한 항목의 양을 알 때 다른 항목의 양 구하기 | C | D |

**4** 영민이네 학교 학생 380명이 좋아하는 운동을 조사하여 나타낸 원그래프입니다. 야구를 좋아하는 학생이 133명일 때 농구를 좋아하는 학생은 몇 명인지 구하세요.

**좋아하는 운동별 학생 수**

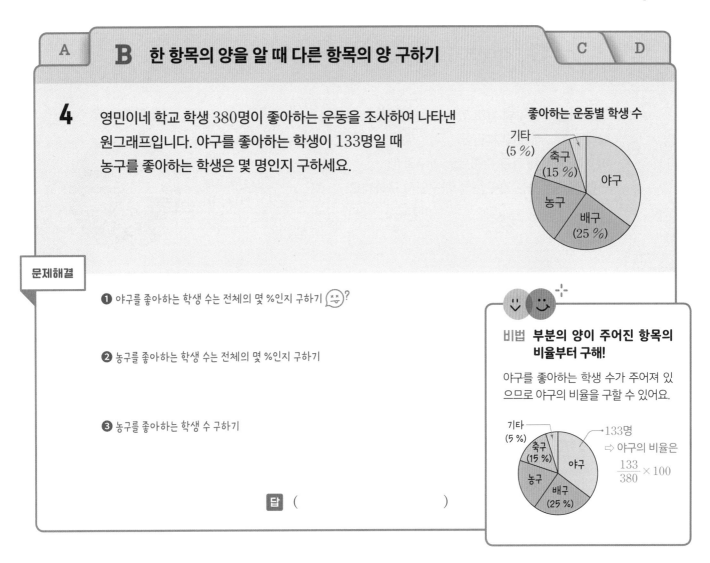

문제해결

❶ 야구를 좋아하는 학생 수는 전체의 몇 %인지 구하기 ?

❷ 농구를 좋아하는 학생 수는 전체의 몇 %인지 구하기

❸ 농구를 좋아하는 학생 수 구하기

답 (                    )

**비법 부분의 양이 주어진 항목의 비율부터 구해!**

야구를 좋아하는 학생 수가 주어져 있으므로 야구의 비율을 구할 수 있어요.

133명
⇨ 야구의 비율은
$\dfrac{133}{380} \times 100$

**5** 어느 제과점에서 하루에 팔린 빵 240개를 종류별로 조사하여 나타낸 원그래프입니다. 크림빵이 36개 팔렸다면 초코빵은 몇 개 팔렸는지 구하세요.

(                    )

**종류별 팔린 빵의 수**

**6** 준희네 학교 6학년 학생 150명을 대상으로 가고 싶은 우리나라 섬을 조사하여 나타낸 띠그래프입니다. 독도에 가고 싶은 학생이 57명일 때 제주도에 가고 싶은 학생은 몇 명인지 구하세요.

**가고 싶은 섬별 학생 수**

| 제주도 | 울릉도<br>(20 %) | 독도 | 마라도<br>(10 %) | 기타<br>(8 %) |
|---|---|---|---|---|

(                    )

## A  B  **C 각의 크기를 알 때 항목의 양 구하기**  D

**7** 어느 마을의 가구별 살고 있는 주택 형태를 조사하여 나타낸 원그래프입니다.
이 마을의 전체 가구 수가 350가구일 때,
연립 주택에 사는 가구는 몇 가구인지 구하세요.

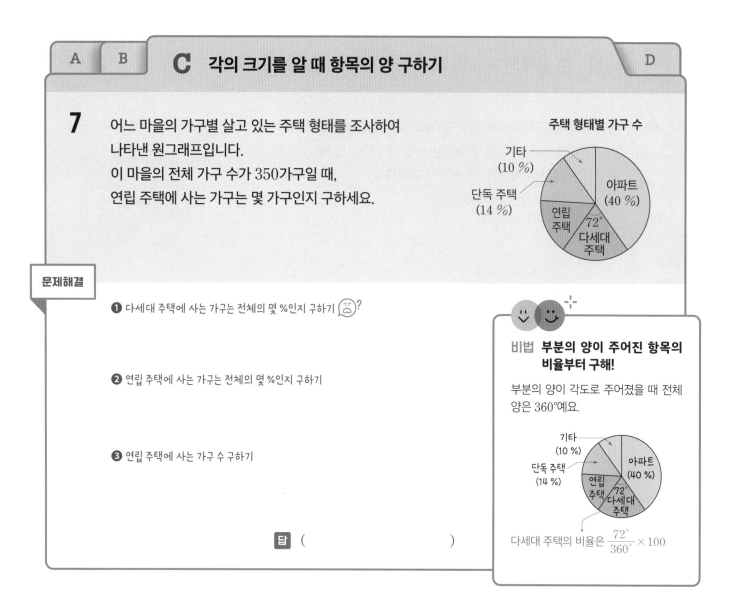

**주택 형태별 가구 수**

문제해결

❶ 다세대 주택에 사는 가구는 전체의 몇 %인지 구하기

❷ 연립 주택에 사는 가구는 전체의 몇 %인지 구하기

❸ 연립 주택에 사는 가구 수 구하기

**비법 부분의 양이 주어진 항목의 비율부터 구해!**

부분의 양이 각도로 주어졌을 때 전체 양은 360°예요.

다세대 주택의 비율은 $\dfrac{72°}{360°} \times 100$

답 (                    )

**8** 어느 중화 요리 식당에서 하루 동안 팔린 식사류를 조사하여
나타낸 원그래프입니다. 전체 팔린 그릇 수가 240그릇일 때,
짬뽕은 몇 그릇 팔렸는지 구하세요.

(                    )

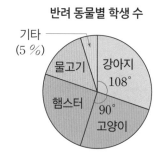

**종류별 팔린 그릇 수**

**9** 초등학생 400명에게 기르고 싶은 반려 동물을 조사하여 나타낸
원그래프입니다. 햄스터와 고양이를 기르고 싶은 학생 수가 같
을 때 물고기를 기르고 싶은 학생은 몇 명인지 구하세요.

(                    )

**반려 동물별 학생 수**

| A | B | C | **D** 항목 사이의 관계를 알 때 항목의 길이 구하기 |

**10** 진규네 학교 학생들이 등교하는 방법을 조사하여 나타낸 띠그래프입니다.
자전거로 등교하는 학생 수는 버스로 등교하는 학생 수의 2배입니다.
띠그래프의 전체 길이가 25 cm라면 자전거가 차지하는 길이는 몇 cm인지 구하세요.

**등교 방법별 학생 수**

| 도보 (48 %) | 자전거 | 버스 | 지하철 (10 %) | 기타 (6 %) |
|---|---|---|---|---|

**문제해결**

❶ 자전거 또는 버스로 등교하는 학생은 전체의 몇 %인지 구하기 🙁?

❷ 자전거로 등교하는 학생은 전체의 몇 %인지 구하기

❸ 길이가 25cm인 띠그래프에서 자전거가 차지하는 길이 구하기

**답 (　　　　　　　　　)**

비법 **두 항목이 차지하는 비율부터 구해!**

자전거 또는 버스의 비율은 자전거 비율과 버스 비율의 합이에요.

| 도보 (48 %) | 자전거 (㉠ %) | 버스 (㉡ %) | 지하철 (10 %) | 기타 (6 %) |
|---|---|---|---|---|

■ %

⇨ ■ = ㉠ + ㉡
= 100 − (48 + 10 + 6)

**11** 경미네 집 생활비 내역을 조사하여 나타낸 띠그래프입니다. 식비는 의류비의 3배입니다. 띠그래프의 전체 길이가 30 cm라면 식비가 차지하는 길이는 몇 cm인지 구하세요.

**생활비의 지출별 금액**

| 식비 | 저축 (25 %) | 여가비 (20 %) | 의류비 | 기타 (15 %) |
|---|---|---|---|---|

(　　　　　　　　　)

**12** 진하네 어머니는 오곡밥을 지었습니다. 보리쌀은 쌀의 $\frac{1}{4}$만큼 넣었습니다. 띠그래프의 전체 길이가 20 cm라면 쌀이 차지하는 길이는 몇 cm인지 구하세요.

**잡곡의 양**

| 쌀 | 찹쌀 (18 %) | 현미 (14 %) | 보리쌀 | 기타 (8 %) |
|---|---|---|---|---|

(　　　　　　　　　)

# 전체의 양 구하기

## A 비율을 구하여 전체의 양 구하기

B

**1** 정민이네 학교 6학년 학생이 경주에서 보고 싶은 유적지를 조사하여 나타낸 띠그래프입니다.
분황사탑을 보고 싶은 학생이 30명이라면 정민이네 학교 6학년은 모두 몇 명인지 구하세요.

보고 싶은 유적지별 학생 수

| 불국사<br>(30 %) | 석굴암<br>(25 %) | 첨성대<br>(20 %) | 분황사탑 | 기타<br>(10 %) |
|---|---|---|---|---|

**문제해결**

❶ 분황사탑은 전체의 몇 %인지 구하기

❷ 전체의 1 %는 몇 명인지 구하기

❸ 6학년 전체 학생 수 구하기

답 (                    )

> **비법** 항목의 비율과 양을 이용해!
>
> 항목의 비율과 양을 알면 1 %의 양을 구할 수 있어요.
>
>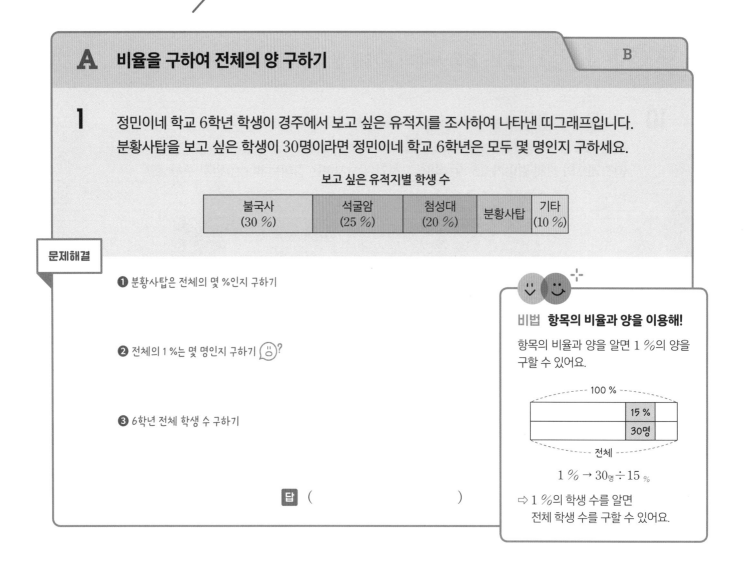
>
> 100 %
>
> | | | 15 % | |
> |---|---|---|---|
> | | | 30명 | |
>
> 전체
>
> 1 % → 30명 ÷ 15 %
>
> ⇨ 1 %의 학생 수를 알면
> 전체 학생 수를 구할 수 있어요.

**2** 초등학생이 교육방송에서 가장 많이 보는 프로그램을 조사하여 나타낸 띠그래프입니다. 다큐멘터
리 프로그램을 가장 많이 보는 학생이 42명일 때 조사한 초등학생은 모두 몇 명인지 구하세요.

가장 많이 보는 프로그램별 학생 수

| 어린이 만화<br>(35 %) | 학습<br>(30 %) | 다큐<br>멘터리 | 여행<br>(11 %) | 기타<br>(10 %) |
|---|---|---|---|---|

(                    )

**3** 영진이가 한 달 동안 사용한 항목별 용돈의 비율을 나타낸 원그래프입니
다. 영진이는 기타에 속하는 금액의 25 %를 사용하여 3000원짜리 선
물을 샀습니다. 영진이의 한 달 용돈은 얼마인지 구하세요.

(                    )

항목별 사용한 금액

기타
학용품
(25 %)
취미 활동
(30 %)
간식비
(20 %)
저축
(10 %)

A

## B 합과 차를 이용하여 전체의 양 구하기

**4** 현수네 반 학급 문고에 있는 책을 조사하여 나타낸 원그래프입니다. 과학책과 위인전을 합하여 모두 100권일 때 전체 학급 문고는 몇 권인지 구하세요.

**종류별 책 수**

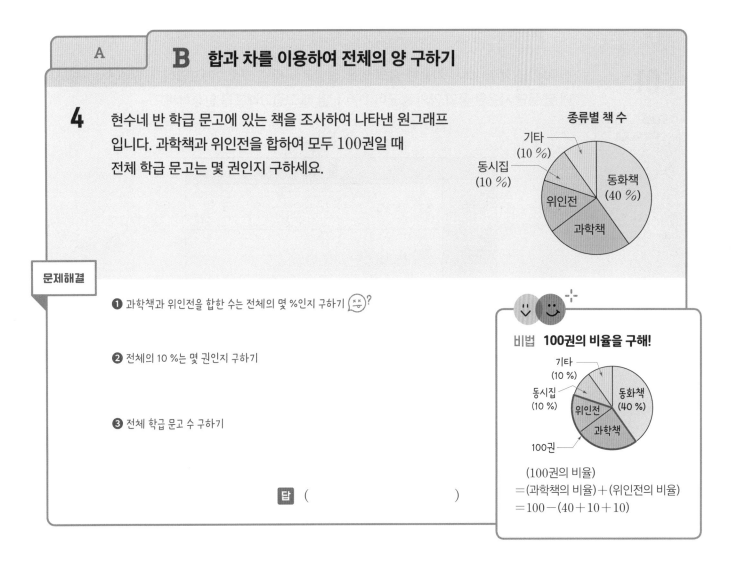

**문제해결**

❶ 과학책과 위인전을 합한 수는 전체의 몇 %인지 구하기 😵❓

❷ 전체의 10 %는 몇 권인지 구하기

❸ 전체 학급 문고 수 구하기

**비법 100권의 비율을 구해!**

(100권의 비율)
＝(과학책의 비율)＋(위인전의 비율)
＝100－(40＋10＋10)

답 (                    )

**5** 영주네 학교 학생들이 좋아하는 색깔을 조사하여 나타낸 원그래프입니다. 학생 수가 가장 많은 색깔과 두 번째로 많은 색깔의 학생 수의 합이 180명일 때 영주네 학교 학생은 모두 몇 명인지 구하세요.

(                    )

**좋아하는 색깔별 학생 수**

**6** 호영이가 하루에 컴퓨터를 사용하는 시간을 사용 분야별로 조사하여 나타낸 띠그래프입니다. 문자 메시지를 하는 시간이 게임을 하는 시간보다 6분 더 많다면 호영이가 하루에 컴퓨터를 사용하는 시간은 모두 몇 분인지 구하세요.

**분야별 사용 시간**

| 온라인 학습<br>(30 %) | 문자 메시지<br>(25 %) | 게임 | 검색<br>(12 %) | 기타<br>(11 %) |
|---|---|---|---|---|

(                    )

**01** 성호네 집 정수기에서 사용한 물의 양을 월별로 나타낸 그림그래프입니다. 5월에서 8월까지 네 달 동안 사용한 물의 양의 평균이 190 L일 때 그림그래프를 완성하세요.

유형 01 Ⓐ

### 월별 정수기 물 사용량

| 월 | 물 사용량 |
|---|---|
| 5월 | |
| 6월 | |
| 7월 | |
| 8월 | |

100 L

10 L

**02** 어느 제품의 만족도를 조사하여 나타낸 띠그래프입니다. 조사한 사람 수가 모두 400명일 때 이 제품에 대해 '매우 만족' 또는 '만족'하는 사람은 모두 몇 명인지 구하세요.

유형 02 Ⓐ

### 만족도별 사람 수

| 매우 만족<br>(22 %) | 만족<br>(24 %) | 보통<br>(20 %) | 불만족<br>(19 %) | 매우 불만족<br>(15 %) |
|---|---|---|---|---|

( )

**03** 여행자들이 숙소를 선택할 때 가장 중요하게 생각하는 부분을 조사하여 나타낸 원그래프입니다. 조사한 사람이 모두 500명일 때 '숙소 청결 상태'를 선택한 사람은 '서비스'를 선택한 사람보다 몇 명 더 많은지 구하세요.

유형 03 Ⓐ

중요도별 사람 수

( )

**04**

∾ 유형 02 **D**

윤아가 지난달에 용돈을 사용한 항목을 조사하여 나타낸 띠그래프입니다. 윤아의 한 달 용돈은 80000원이고 기타 금액의 70 %로 영화를 봤다면 영화비로 쓴 돈은 얼마인지 구하세요.

항목별 사용한 금액

| 간식 (40 %) | 저축 (20 %) | 교통비 (15 %) | 선물비 (10 %) | 기타 (15 %) |
|---|---|---|---|---|

(            )

**05**

∾ 유형 01 **B**

영주네 아파트 단지에서 일주일 동안 동별로 나온 일반 쓰레기 양을 조사하여 나타낸 그림그래프입니다. 다섯 동의 쓰레기 양의 평균은 230 kg이고, 라 동은 나 동보다 60 kg 더 적습니다. 나 동의 쓰레기 양은 몇 kg인지 구하세요.

동별 쓰레기 양

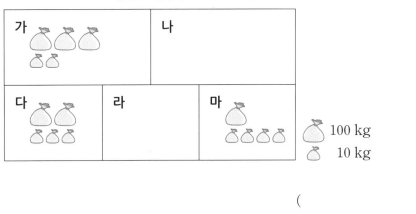

(            )

**06**

∾ 유형 03 **C**

민지네 학교 학생들이 여름 방학 때 가고 싶은 장소를 조사하여 나타낸 원그래프입니다. 조사한 학생 수가 250명일 때 캠핑장에 가고 싶은 학생은 몇 명인지 구하세요.

가고 싶은 장소별 학생 수

(            )

**07**

🔗
유형 04 Ⓑ

어느 마트의 정육 코너에서 일주일 동안 팔린 고기를 조사하여 나타낸 띠그래프입니다. 닭고기와 소고기 판매량의 합이 234 kg이라면 이 정육 코너에서 일주일 동안 팔린 고기는 모두 몇 kg인지 구하세요.

종류별 고기 판매량

기타
(6 %)

(             )

**08**

㉮ 두부 100 g과 ㉯ 우유 100 g의 영양 성분을 나타낸 원그래프입니다. 승우는 오늘 ㉮ 두부 200 g과 ㉯ 우유 250 g을 먹었다면 오늘 두 음식을 먹고 섭취한 단백질은 모두 몇 g인지 구하세요.

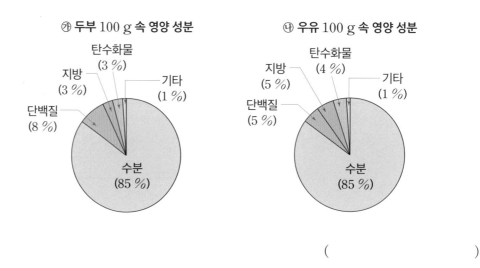

㉮ 두부 100 g 속 영양 성분

탄수화물
(3 %)
지방
(3 %)
기타
(1 %)
단백질
(8 %)
수분
(85 %)

㉯ 우유 100 g 속 영양 성분

탄수화물
(4 %)
지방
(5 %)
기타
(1 %)
단백질
(5 %)
수분
(85 %)

(             )

**09**

혜미네 학교 6학년 학생 160명이 좋아하는 운동 종목을 조사하여 길이가 20 cm인 띠그래프로 나타내었습니다. 야구를 좋아하는 학생은 몇 명인지 구하세요.

좋아하는 운동 종목별 학생 수

| 축구 | 야구 | 농구 (20 %) | 배구 (15 %) | 기타 (10 %) |
|---|---|---|---|---|

‥‥ 6 cm ‥‥

(             )

**10** 어느 지역 사람들에게 물 먹는 방법을 조사하여 나타낸 띠그래프와 정수기를 설치하여 물을 먹는 사람들에게 그 이유를 조사하여 나타낸 원그래프입니다. '수돗물을 그대로 먹거나 끓여서' 먹는 사람 수가 180명일 때 정수기를 설치해서 먹는 이유로 '믿을 수 있어서'라고 답한 사람은 몇 명인지 구하세요.

유형 02 **C**

**물 먹는 방법별 사람 수**

| 수돗물을 그대로 먹거나 끓여서 (30 %) | 수돗물을 정수기를 설치해서 (50 %) | 생수 구매 (20 %) |
|---|---|---|

**정수기를 설치한 이유**

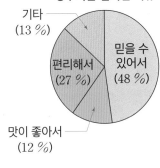

(                              )

**11** 어느 분식점에서 일주일 동안 팔린 음식은 모두 850인분이었고, 팔린 음식을 종류별로 조사하여 띠그래프로 나타내었습니다. 가장 많이 팔린 음식은 김밥으로 306인분이고, 국수의 3배입니다. 띠그래프의 전체 길이가 20 cm라면 떡볶이가 차지하는 길이는 몇 cm인지 구하세요.

유형 03 **D**

**음식 종류별 판매량**

| 김밥 | 라면 (24 %) | 떡볶이 | 국수 | 기타 (8 %) |
|---|---|---|---|---|

(                              )

**12** 세미네 반과 서윤이네 반 학급 문고에 있는 책을 종류별로 조사하여 나타낸 원그래프입니다. 세미네 반의 학급 문고는 모두 240권이고, 그중 과학책 수가 서윤이네 반의 위인전 수와 같다면 서윤이네 반의 과학책은 몇 권인지 구하세요.

유형 04 **A**

**세미네 반의 종류별 책수**

**서윤이네 반의 종류별 책수**

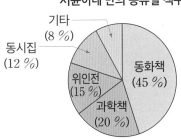

(                              )

# 직육면체의 부피와 겉넓이

# 학습기록표

# 직육면체의 부피와 겉넓이

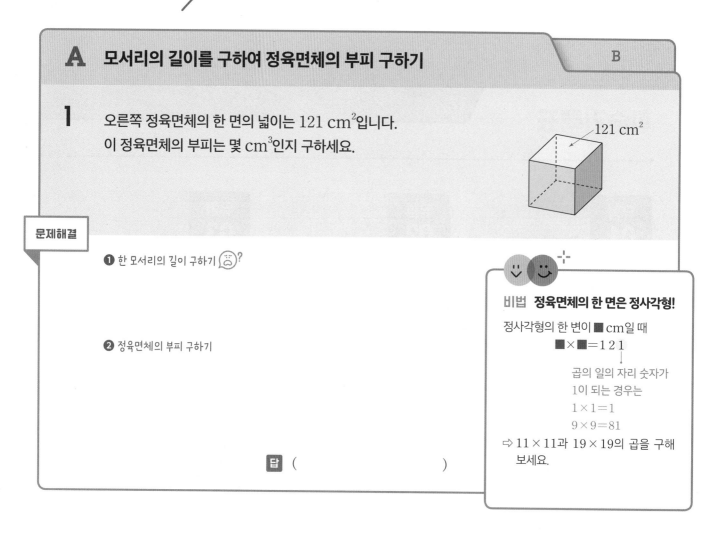

**A** 모서리의 길이를 구하여 정육면체의 부피 구하기　　　　　　　B

**1** 오른쪽 정육면체의 한 면의 넓이는 121 cm²입니다.
이 정육면체의 부피는 몇 cm³인지 구하세요.

121 cm²

**문제해결**

❶ 한 모서리의 길이 구하기 😫?

❷ 정육면체의 부피 구하기

**비법** **정육면체의 한 면은 정사각형!**

정사각형의 한 변이 ■ cm일 때

■×■=121

곱의 일의 자리 숫자가
1이 되는 경우는
1×1=1
9×9=81

⇨ 11 × 11과 19 × 19의 곱을 구해
보세요.

답 (　　　　　　　　　)

**2** 오른쪽 정육면체의 한 면의 둘레는 28 cm입니다. 이 정육면체의 부피는 몇
cm³인지 구하세요.

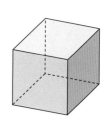

(　　　　　　　　　)

**3** 모든 모서리의 길이의 합이 96 cm인 정육면체가 있습니다. 이 정육면체의 부피는 몇 cm³인지
구하세요.

(　　　　　　　　　)

A

## B 모서리의 길이를 구하여 직육면체의 겉넓이 구하기

**4** 오른쪽 직육면체에서
면 ㄱㄴㄷㄹ은 둘레가 32 cm인 정사각형입니다.
이 직육면체의 겉넓이는 몇 $cm^2$인지 구하세요.

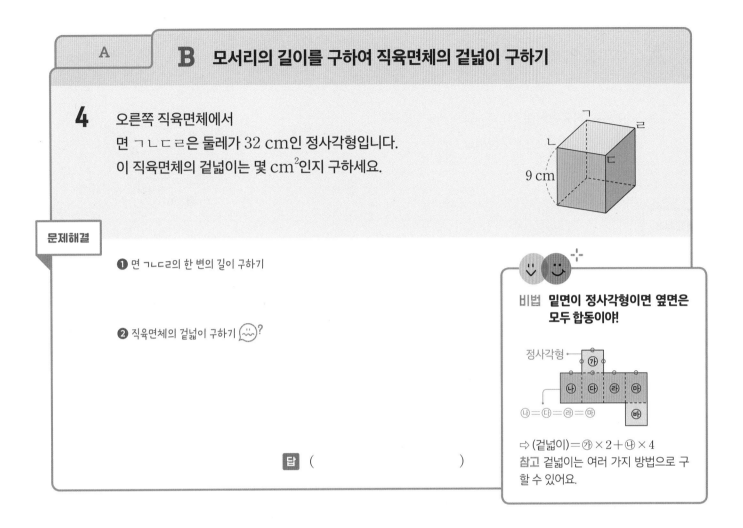

**문제해결**

❶ 면 ㄱㄴㄷㄹ의 한 변의 길이 구하기

❷ 직육면체의 겉넓이 구하기 🙂?

답 ( )

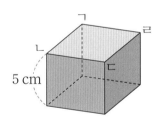

비법 **밑면이 정사각형이면 옆면은 모두 합동이야!**

정사각형

⇨ (겉넓이)=㉮×2+㉯×4
참고 겉넓이는 여러 가지 방법으로 구할 수 있어요.

**5** 오른쪽 직육면체에서 면 ㄱㄴㄷㄹ은 넓이가 36 $cm^2$인 정사각형입니다. 이 직육면체의 겉넓이는 몇 $cm^2$인지 구하세요.

( )

**6** 모든 모서리의 길이의 합이 108 cm인 정육면체가 있습니다. 이 정육면체의 겉넓이는 몇 $cm^2$인지 구하세요.

( )

# 직육면체의 부피 이용하기

## A 부피를 알 때 모서리의 길이 구하기

B

**1** 오른쪽 직육면체의 부피는 648 cm³입니다.
■ 안에 알맞은 수를 구하세요.

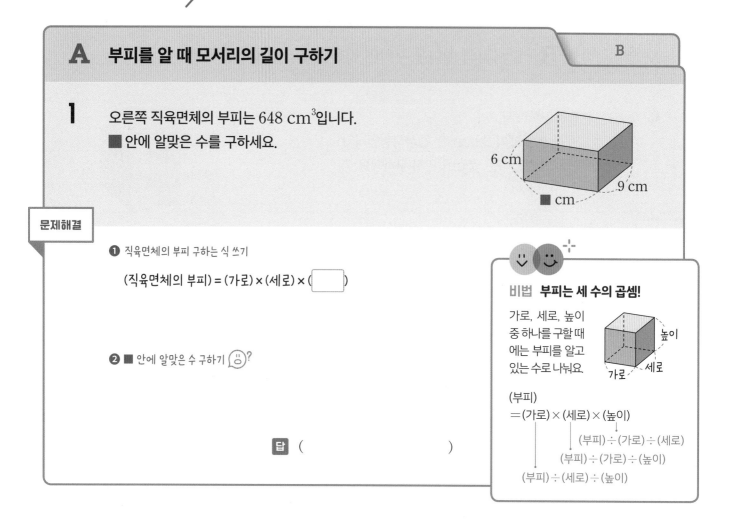

**문제해결**

❶ 직육면체의 부피 구하는 식 쓰기

(직육면체의 부피) = (가로) × (세로) × ( ⬜ )

❷ ■ 안에 알맞은 수 구하기 ☺?

답 ( )

**비법  부피는 세 수의 곱셈!**

가로, 세로, 높이
중 하나를 구할때
에는 부피를 알고
있는 수로 나눠요

(부피)
＝(가로)×(세로)×(높이)

(부피)÷(가로)÷(세로)

(부피)÷(가로)÷(높이)

(부피)÷(세로)÷(높이)

**2** 오른쪽 직육면체의 부피는 280 cm³입니다. ⬜ 안에 알맞은 수를 구하세요.

( )

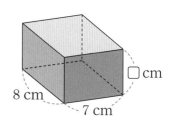

**3** 정육면체 가와 직육면체 나의 부피가 서로 같습니다. 직육면체 나에서 ⬜ 안에 알맞은 수를 구하세요.

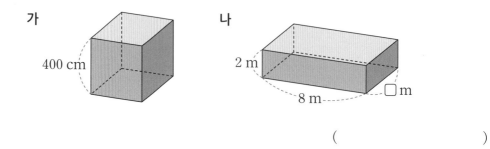

가                          나

( )

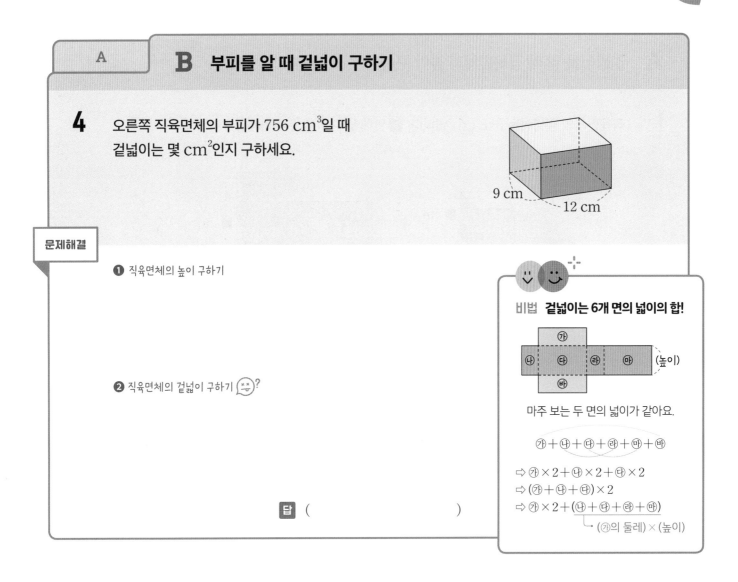

| A | **B** | **부피를 알 때 겉넓이 구하기** |

**4** 오른쪽 직육면체의 부피가 756 cm³일 때 겉넓이는 몇 cm²인지 구하세요.

9 cm  12 cm

**문제해결**

❶ 직육면체의 높이 구하기

❷ 직육면체의 겉넓이 구하기 ?

비법 **겉넓이는 6개 면의 넓이의 합!**

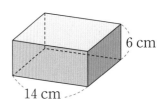

㉮ ㉯ ㉰ ㉱ ㉲ (높이)
㉳

마주 보는 두 면의 넓이가 같아요.

㉮+㉯+㉰+㉱+㉲+㉳

⇨ ㉮×2+㉯×2+㉰×2
⇨ (㉮+㉯+㉰)×2
⇨ ㉮×2+(㉯+㉰+㉱+㉲)
└─ (㉮의 둘레)×(높이)

답 ( )

**5** 오른쪽 직육면체의 부피가 840 cm³일 때 겉넓이는 몇 cm²인지 구하세요.

( )

6 cm  14 cm

**6** 오른쪽 정육면체의 부피가 343 cm³일 때 겉넓이는 몇 cm²인지 구하세요.

( )

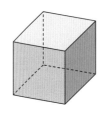

# 직육면체의 겉넓이 이용하기

## **A** 겉넓이를 알 때 직육면체의 높이 구하기

A+ | A++

**1** 직육면체의 겉넓이는 348 cm²입니다. ■ 안에 알맞은 수를 구하세요.

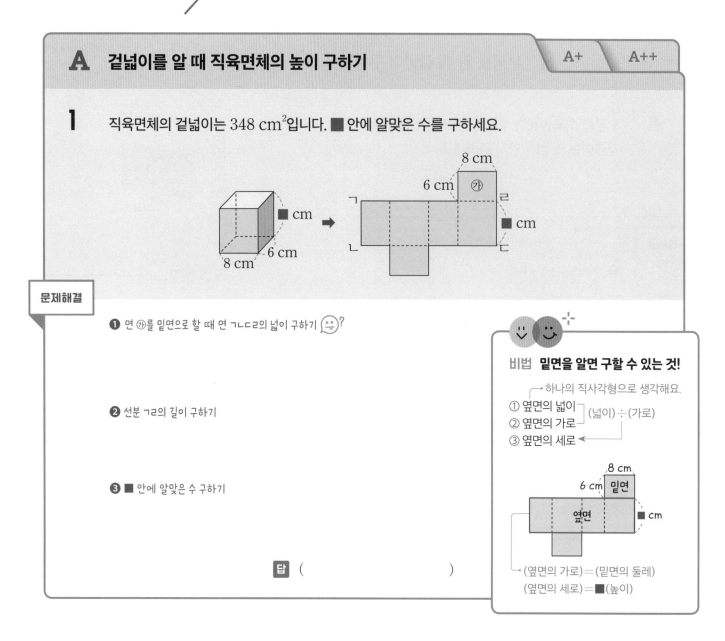

**문제해결**

❶ 면 ㉮를 밑면으로 할 때 면 ㄱㄴㄷㄹ의 넓이 구하기 😊?

❷ 선분 ㄱㄹ의 길이 구하기

❸ ■ 안에 알맞은 수 구하기

**답** (                    )

**비법  밑면을 알면 구할 수 있는 것!**

하나의 직사각형으로 생각해요.
① 옆면의 넓이
② 옆면의 가로 ⎱ (넓이) ÷ (가로)
③ 옆면의 세로 ◀

(옆면의 가로)=(밑면의 둘레)
(옆면의 세로)=■(높이)

**2** 직육면체의 겉넓이는 510 cm²입니다. □ 안에 알맞은 수를 구하세요.

(                    )

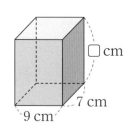

**3** 오른쪽 전개도에서 직사각형 가의 넓이가 84 cm²일 때 이 전개도로 만든 직육면체의 겉넓이는 548 cm²입니다. □ 안에 알맞은 수를 구하세요.

(                    )

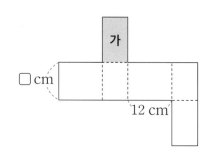

| A | **A+** 겉넓이를 알 때 한 모서리의 길이 구하기 | A++ |

**4** 오른쪽 직육면체의 겉넓이가 472 cm²일 때
■ 안에 알맞은 수를 구하세요.

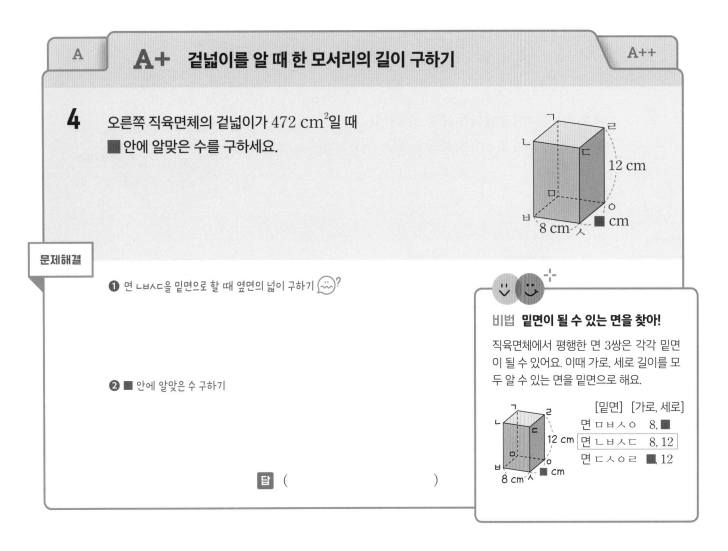

**문제해결**

❶ 면 ㄴㅂㅅㄷ을 밑면으로 할 때 옆면의 넓이 구하기 ?

❷ ■ 안에 알맞은 수 구하기

답 ( )

**비법 밑면이 될 수 있는 면을 찾아!**

직육면체에서 평행한 면 3쌍은 각각 밑면이 될 수 있어요. 이때 가로, 세로 길이를 모두 알 수 있는 면을 밑면으로 해요.

[밑면]  [가로, 세로]
면 ㅁㅂㅅㅇ  8, ■
면 ㄴㅂㅅㄷ  8, 12
면 ㄷㅅㅇㄹ  ■, 12

**5** 오른쪽 직육면체의 겉넓이가 518 cm²일 때 □ 안에 알맞은 수를 구하세요.

( )

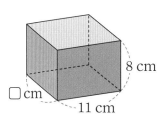

**6** 겉넓이가 270 cm²이고 면 ㄱㄴㄷㄹ이 정사각형인 직육면체가 있습니다. □ 안에 알맞은 수를 구하세요.

( )

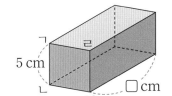

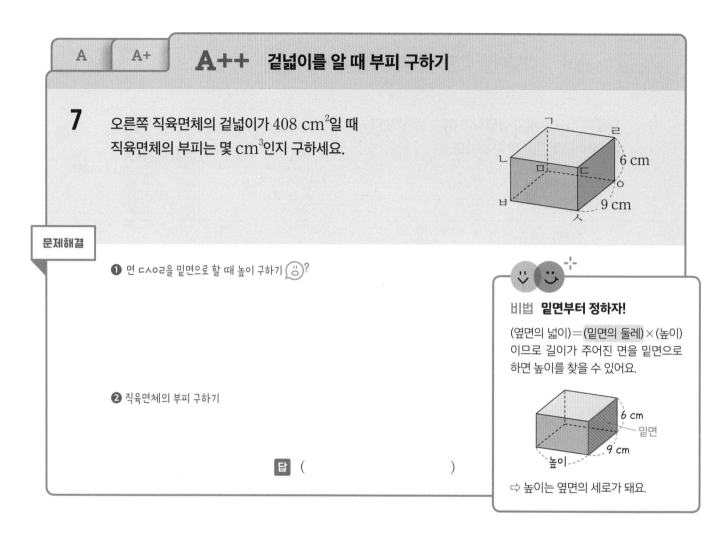

A   A+   **A++   겉넓이를 알 때 부피 구하기**

**7** 오른쪽 직육면체의 겉넓이가 408 cm²일 때 직육면체의 부피는 몇 cm³인지 구하세요.

**문제해결**

❶ 면 ㄷㅅㅇㄹ을 밑면으로 할 때 높이 구하기 😟?

❷ 직육면체의 부피 구하기

답 (                    )

**비법 밑면부터 정하자!**

(옆면의 넓이)＝(밑면의 둘레)×(높이)
이므로 길이가 주어진 면을 밑면으로
하면 높이를 찾을 수 있어요.

⇨ 높이는 옆면의 세로가 돼요.

**8** 오른쪽 직육면체의 겉넓이가 606 cm²일 때 직육면체의 부피는 몇 cm³인지 구하세요.

(                    )

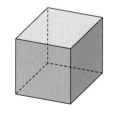

**9** 오른쪽 정육면체의 겉넓이가 384 cm²일 때 부피는 몇 cm³인지 구하세요.

(                    )

# 새로 만든 직육면체의 부피

**A** 모서리의 길이를 늘였을 때 직육면체의 부피 구하기

**B**

**1** 오른쪽 직육면체의 모든 모서리의 길이를 각각 2배로 늘였습니다.
늘인 직육면체의 부피는 처음 직육면체의 부피의 몇 배인지 구하세요.

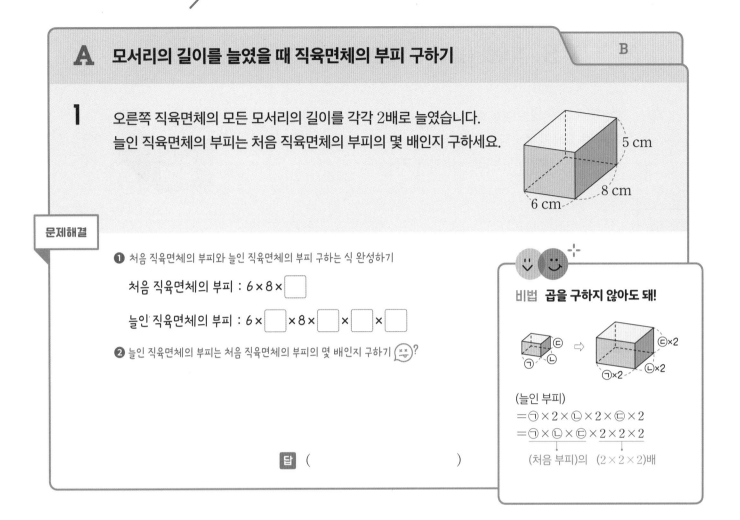

5 cm
8 cm
6 cm

**문제해결**

❶ 처음 직육면체의 부피와 늘인 직육면체의 부피 구하는 식 완성하기

처음 직육면체의 부피 : 6×8×☐

늘인 직육면체의 부피 : 6×☐×8×☐×☐×☐

❷ 늘인 직육면체의 부피는 처음 직육면체의 부피의 몇 배인지 구하기 ☺?

답 (                    )

**비법** 곱을 구하지 않아도 돼!

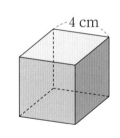

㉢
㉡
㉠

㉢×2
㉠×2
㉡×2

(늘인 부피)
=㉠×2×㉡×2×㉢×2
=㉠×㉡×㉢×2×2×2
(처음 부피)의 (2×2×2)배

**2** 오른쪽 정육면체의 모든 모서리의 길이를 각각 3배로 늘였습니다. 늘인 정육면체의 부피는 처음 정육면체의 부피의 몇 배인지 구하세요.

(                    )

4 cm

**3** 오른쪽 직육면체에서 직사각형 ㄱㄴㄷㄹ을 밑면으로 할 때, 밑면의 가로와 세로는 각각 4배로 늘이고, 높이는 $\frac{3}{4}$으로 줄여서 새로 직육면체를 만들었습니다. 새로 만든 직육면체의 부피는 처음 직육면체의 부피의 몇 배인지 구하세요.

(                    )

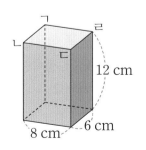

ㄱ
ㄹ
ㄴ
ㄷ
12 cm
8 cm
6 cm

A   **B** 직육면체를 잘라서 만든 가장 큰 정육면체의 부피 구하기

**4** 오른쪽 직육면체 모양을 잘라서
가장 큰 정육면체 모양을 만들었습니다.
만든 정육면체의 부피는 몇 $cm^3$인지 구하세요.

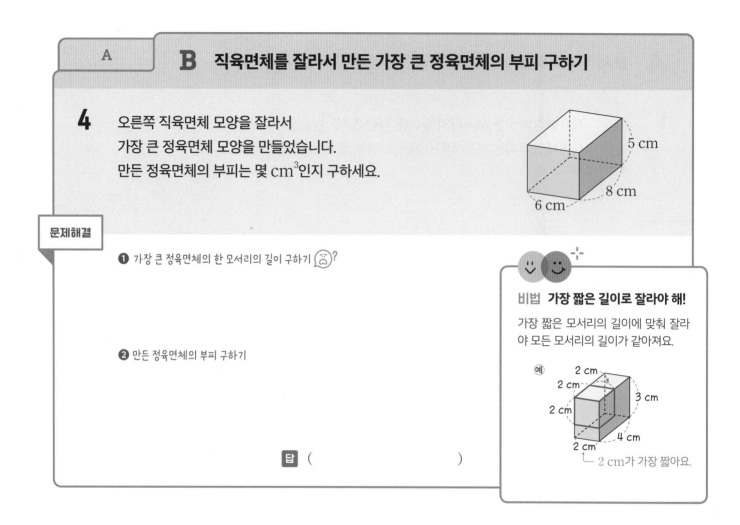

문제해결

❶ 가장 큰 정육면체의 한 모서리의 길이 구하기



❷ 만든 정육면체의 부피 구하기

**비법  가장 짧은 길이로 잘라야 해!**
가장 짧은 모서리의 길이에 맞춰 잘라
야 모든 모서리의 길이가 같아져요.

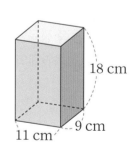

예
2 cm가 가장 짧아요.

답 (                    )

**5** 오른쪽 직육면체 모양을 잘라서 가장 큰 정육면체 모양을 만들었습니
다. 만든 정육면체의 부피는 몇 $cm^3$인지 구하세요.

(                    )

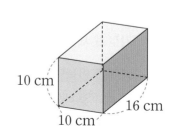

**6** 오른쪽 직육면체 모양을 잘라서 가장 큰 정육면체 모양을 만들었
습니다. 정육면체 모양을 만들고 남은 부분의 부피는 몇 $cm^3$인지
구하세요.

(                    )

# 새로 만든 직육면체의 겉넓이

**A** 위, 앞, 옆에서 본 모양을 이용하여 겉넓이 구하기    B    C

**1** 직육면체를 위, 앞에서 본 모양입니다. 이 직육면체의 겉넓이는 몇 $cm^2$인지 구하세요.

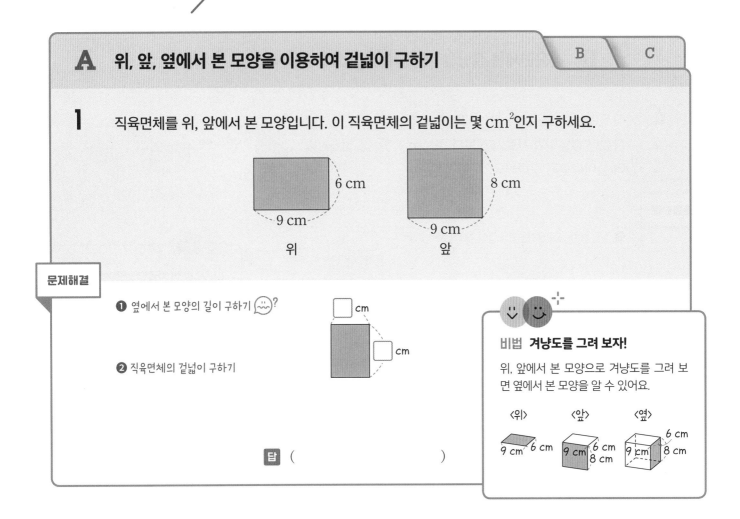

문제해결

❶ 옆에서 본 모양의 길이 구하기 ❓

❷ 직육면체의 겉넓이 구하기

답 (                    )

비법  **겨냥도를 그려 보자!**

위, 앞에서 본 모양으로 겨냥도를 그려 보면 옆에서 본 모양을 알 수 있어요.

**2** 직육면체를 위와 옆에서 본 모양입니다. 이 직육면체의 겉넓이는 몇 $cm^2$인지 구하세요.

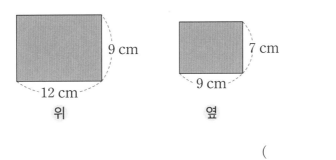

(                    )

**3** 직육면체를 위, 앞, 옆에서 본 모양이 모두 오른쪽 그림과 같을 때, 이 직육면체의 겉넓이는 몇 $cm^2$인지 구하세요.

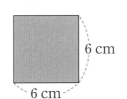

(                    )

## B 직육면체를 잘랐을 때 늘어난 겉넓이 구하기

A / C

**4** 직육면체를 오른쪽과 같이 밑면과 수직으로 자르면 겉넓이가 자르기 전보다 몇 $cm^2$ 더 늘어나는지 구하세요.

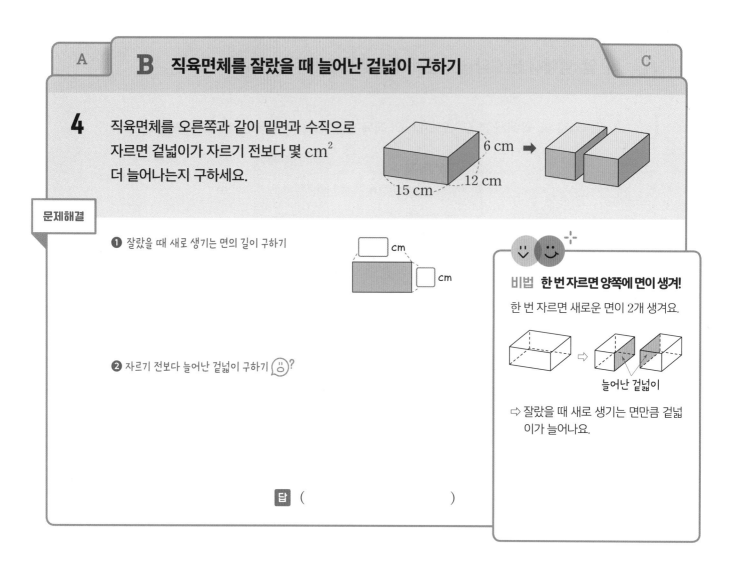

문제해결

❶ 잘랐을 때 새로 생기는 면의 길이 구하기

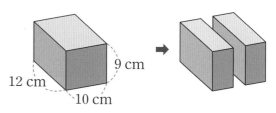

**비법 한 번 자르면 양쪽에 면이 생겨!**

한 번 자르면 새로운 면이 2개 생겨요.

⇒ 늘어난 겉넓이

⇨ 잘랐을 때 새로 생기는 면만큼 겉넓이가 늘어나요.

❷ 자르기 전보다 늘어난 겉넓이 구하기 ?

답 (                    )

**5** 직육면체를 오른쪽과 같이 밑면과 수직으로 자르면 겉넓이가 자르기 전보다 몇 $cm^2$ 더 늘어나는지 구하세요.

(                    )

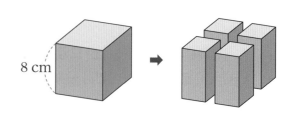

**6** 정육면체를 오른쪽과 같이 밑면과 수직으로 2번 자르면 겉넓이가 자르기 전보다 몇 $cm^2$ 더 늘어나는지 구하세요.

(                    )

| A | B | **C** 쌓기나무로 만든 모양의 겉넓이 구하기 |

**7** 왼쪽 정육면체 모양의 쌓기나무를 각각 4개씩 사용하여 ㉮와 ㉯ 모양을 만들었습니다.
㉮와 ㉯ 모양 중 어느 것의 겉넓이가 몇 cm² 더 넓은지 구하세요.

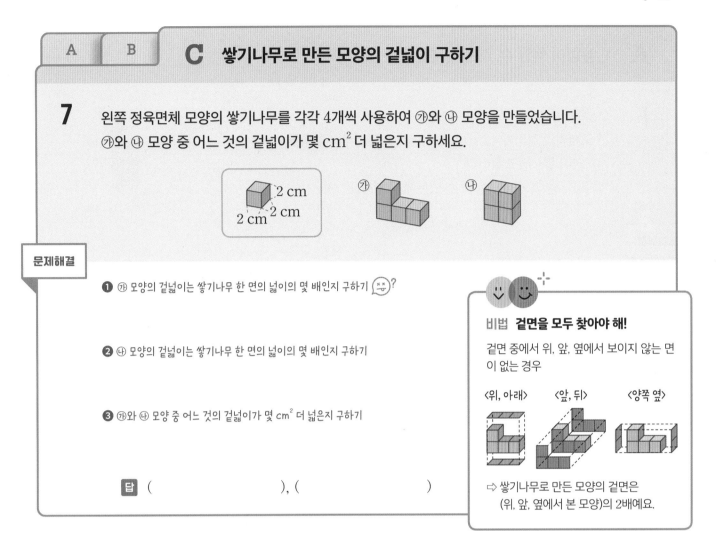

**문제해결**

❶ ㉮ 모양의 겉넓이는 쌓기나무 한 면의 넓이의 몇 배인지 구하기 ?

❷ ㉯ 모양의 겉넓이는 쌓기나무 한 면의 넓이의 몇 배인지 구하기

❸ ㉮와 ㉯ 모양 중 어느 것의 겉넓이가 몇 cm² 더 넓은지 구하기

답 (          ), (          )

**비법 겉면을 모두 찾아야 해!**

겉면 중에서 위, 앞, 옆에서 보이지 않는 면이 없는 경우

〈위, 아래〉 〈앞, 뒤〉 〈양쪽 옆〉

⇨ 쌓기나무로 만든 모양의 겉면은
(위, 앞, 옆에서 본 모양)의 2배예요.

**8** 왼쪽 정육면체 모양의 쌓기나무를 각각 6개씩 사용하여 ㉮와 ㉯ 모양을 만들었습니다. ㉮와 ㉯
모양 중 어느 것의 겉넓이가 몇 cm² 더 넓은지 구하세요.

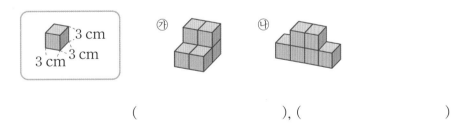

(          ), (          )

**9** ㉮, ㉯, ㉰ 모양은 정육면체 모양의 쌓기나무로 쌓아서 만든 직육면체 모양입니다. 겉넓이가 넓은
순서대로 기호를 쓰세요.

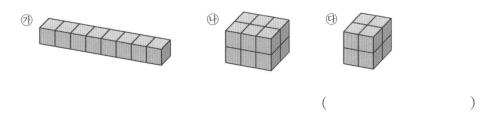

(          )

# 실생활에서의 부피 구하기

## A 빈틈없이 쌓을 수 있는 직육면체의 개수 구하기   B C D

**1** 오른쪽 직육면체 모양의 상자 안에
한 모서리의 길이가 4 cm인 정육면체 모양의 쌓기나무를
빈틈없이 쌓으려고 합니다.
쌓기나무를 몇 개까지 쌓을 수 있는지 구하세요.

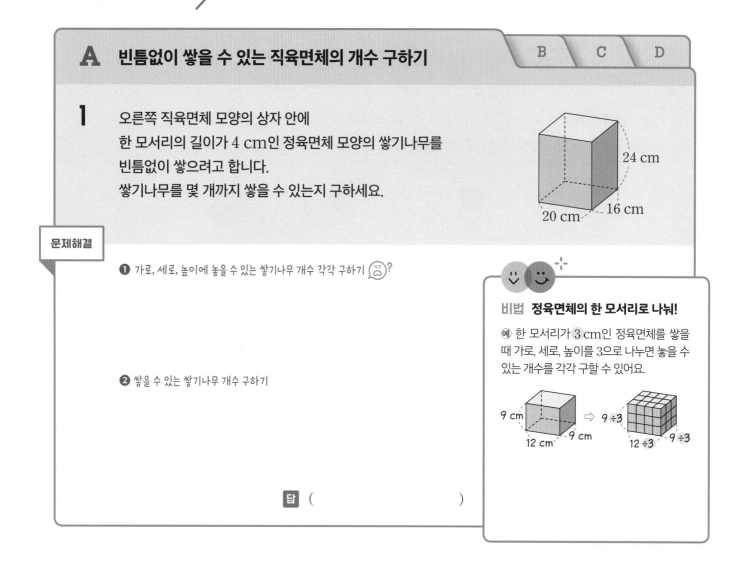

**문제해결**

❶ 가로, 세로, 높이에 놓을 수 있는 쌓기나무 개수 각각 구하기 😵?

❷ 쌓을 수 있는 쌓기나무 개수 구하기

**비법** 정육면체의 한 모서리로 나눠!

예 한 모서리가 3 cm인 정육면체를 쌓을
때 가로, 세로, 높이를 3으로 나누면 놓을 수
있는 개수를 각각 구할 수 있어요.

9 cm, 12 cm, 9 cm ⇨ 9 ÷ 3, 12 ÷ 3, 9 ÷ 3

**답** (                    )

**2** 오른쪽 직육면체 모양의 상자 안에 한 모서리의 길이가 8 cm인 정
육면체 모양의 블록을 빈틈없이 쌓으려고 합니다. 블록을 몇 개까지
쌓을 수 있는지 구하세요.

(                    )

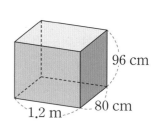

**3** 오른쪽 직육면체 모양의 물건을 한 모서리의 길이가 24 cm인 정
육면체 모양의 상자 안에 빈틈없이 쌓으려고 합니다. 물건을 몇 개
까지 쌓을 수 있는지 구하세요.

(                    )

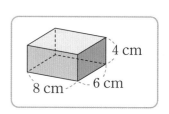

| A | **B** 만들 수 있는 가장 작은 정육면체의 부피 구하기 | C | D |

**4** 오른쪽과 같은 직육면체 모양의 상자를 빈틈없이 쌓아서
가장 작은 정육면체를 만들었습니다.
만든 정육면체의 부피는 몇 cm³인지 구하세요.

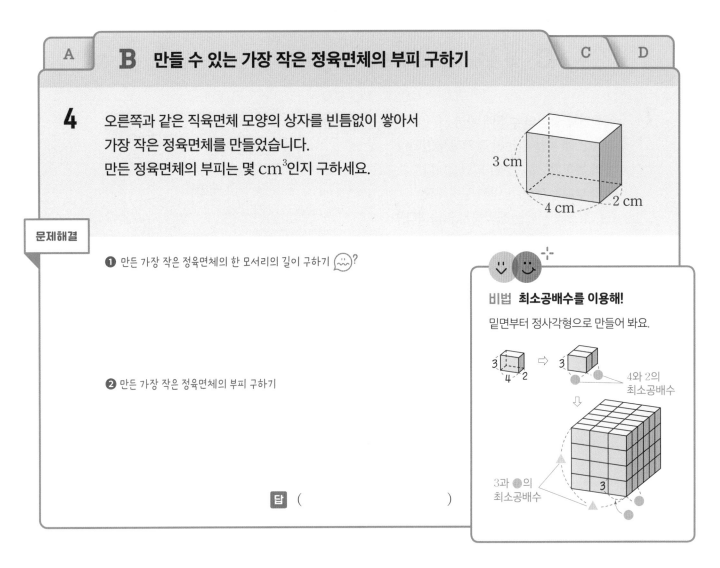

**문제해결**

❶ 만든 가장 작은 정육면체의 한 모서리의 길이 구하기 😌?

❷ 만든 가장 작은 정육면체의 부피 구하기

**비법  최소공배수를 이용해!**

밑면부터 정사각형으로 만들어 봐요.

4와 2의
최소공배수

3과 ●의
최소공배수

답 (                              )

**5** 오른쪽과 같은 직육면체 모양의 상자를 빈틈없이 쌓아서 가장
작은 정육면체를 만들었습니다. 만든 정육면체의 부피는 몇
cm³인지 구하세요.

(                              )

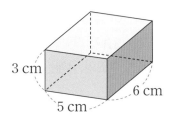

**6** 오른쪽과 같은 직육면체 모양의 상자를 빈틈없이 쌓아서 가장 작은 정육
면체를 만들었습니다. 만든 정육면체의 부피는 몇 cm³인지 구하세요.

(                              )

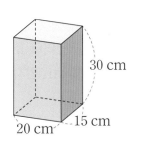

A  B  **C  물 속에 넣은 돌의 부피 구하기**  D

**7** 직육면체 모양의 수조에 물이 25 cm만큼 들어 있습니다.
이 수조에 돌을 완전히 잠기게 넣었더니
물의 높이가 27 cm가 되었습니다.
돌의 부피는 몇 cm³인지 구하세요.
(단, 수조의 두께는 생각하지 않습니다.)

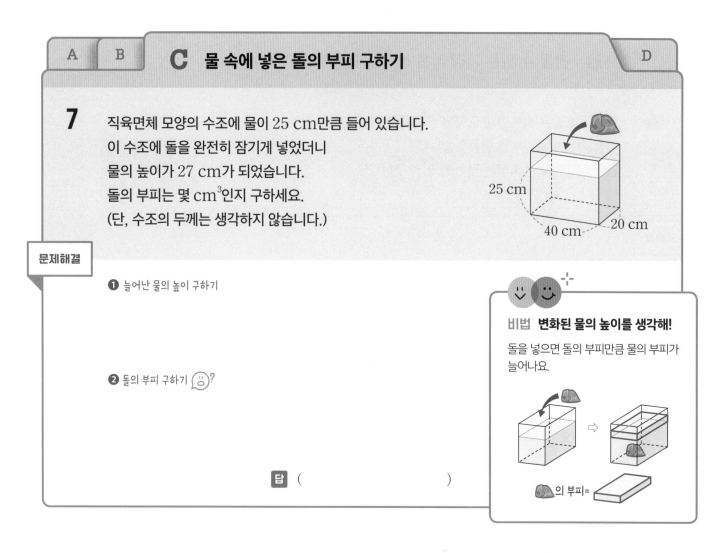

**문제해결**

❶ 늘어난 물의 높이 구하기

❷ 돌의 부피 구하기 😊?

답 (                    )

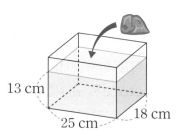

**비법  변화된 물의 높이를 생각해!**

돌을 넣으면 돌의 부피만큼 물의 부피가 늘어나요.

🪨의 부피=

**8** 직육면체 모양의 수조에 물이 13 cm 높이만큼 들어 있습니다. 이 수조에 돌을 완전히 잠기게 넣었더니 물의 높이가 16 cm가 되었습니다. 돌의 부피는 몇 cm³인지 구하세요. (단, 수조의 두께는 생각하지 않습니다.)

(                    )

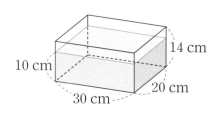

**9** 직육면체 모양의 수조에 돌을 넣고 물을 가득 채운 후, 돌을 꺼냈더니 오른쪽 그림과 같이 되었습니다. 돌의 부피는 몇 cm³인지 구하세요.(단, 수조의 두께는 생각하지 않습니다.)

(                    )

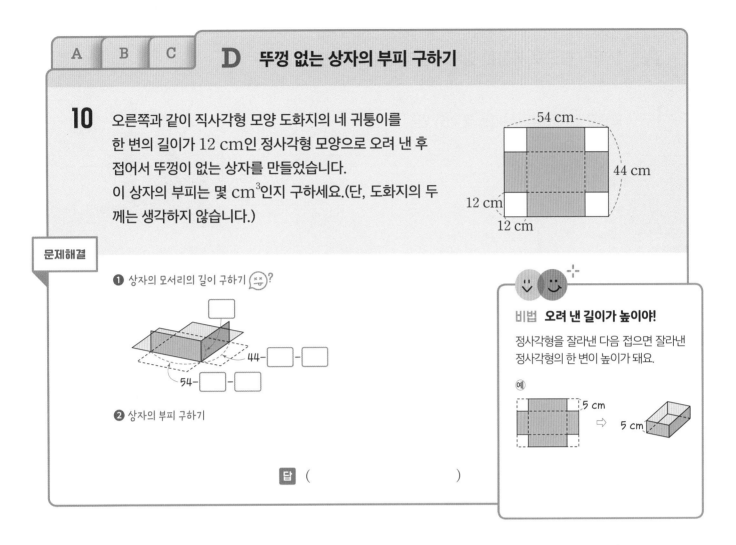

| A | B | C | **D** | **뚜껑 없는 상자의 부피 구하기** |

**10** 오른쪽과 같이 직사각형 모양 도화지의 네 귀퉁이를
한 변의 길이가 12 cm인 정사각형 모양으로 오려 낸 후
접어서 뚜껑이 없는 상자를 만들었습니다.
이 상자의 부피는 몇 cm³인지 구하세요.(단, 도화지의 두
께는 생각하지 않습니다.)

54 cm
44 cm
12 cm
12 cm

**문제해결**

❶ 상자의 모서리의 길이 구하기 (ㅇ.ㅇ)?

44−□−□
54−□−□

❷ 상자의 부피 구하기

**비법 오려 낸 길이가 높이야!**

정사각형을 잘라낸 다음 접으면 잘라낸
정사각형의 한 변이 높이가 돼요.

(예)
5 cm ⇨ 5 cm

**답** (                    )

---

**11** 오른쪽과 같이 직사각형 모양 도화지의 네 귀퉁이를 한 변의
길이가 15 cm인 정사각형 모양으로 오려 낸 후 접어서 뚜
껑이 없는 상자를 만들었습니다. 이 상자의 부피는 몇 cm³
인지 구하세요.(단, 도화지의 두께는 생각하지 않습니다.)

(                    )

50 cm
15 cm
15 cm
60 cm

---

**12** 오른쪽과 같이 직사각형 모양 종이의 네 귀퉁이를 정사각형 모
양으로 오려 낸 후 접어서 뚜껑이 없는 상자를 만들었습니다. 이
상자의 높이가 8 cm일 때 상자의 부피는 몇 cm³인지 구하세
요.(단, 종이의 두께는 생각하지 않습니다.)

(                    )

36 cm
30 cm

## A 부피의 합으로 복잡한 입체도형의 부피 구하기

B   C

**1** 오른쪽 입체도형의 부피는 몇 $cm^3$인지 구하세요.

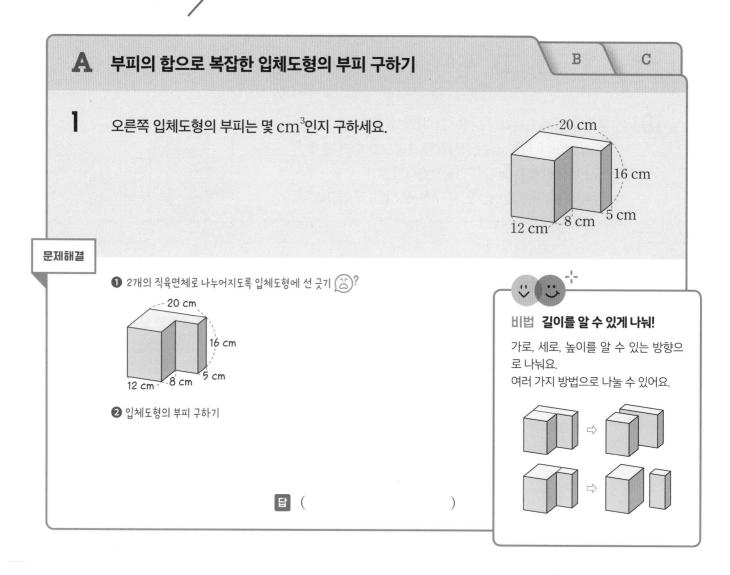

**문제해결**

❶ 2개의 직육면체로 나누어지도록 입체도형에 선 긋기 😣?

**비법 길이를 알 수 있게 나눠!**

가로, 세로, 높이를 알 수 있는 방향으로 나눠요.
여러 가지 방법으로 나눌 수 있어요.

❷ 입체도형의 부피 구하기

답 (                    )

**2** 오른쪽 입체도형의 부피는 몇 $cm^3$인지 구하세요.

(                    )

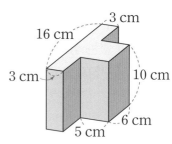

**3** 오른쪽 입체도형의 부피는 몇 $cm^3$인지 구하세요.

(                    )

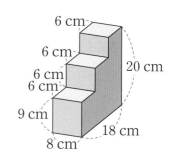

| A | **B** 부피의 차로 복잡한 입체도형의 부피 구하기 | C |

**4** 오른쪽 입체도형은 직육면체 안에
직육면체 모양으로 구멍을 뚫어서 만든 것입니다.
이 입체도형의 부피는 몇 $cm^3$인지 구하세요.

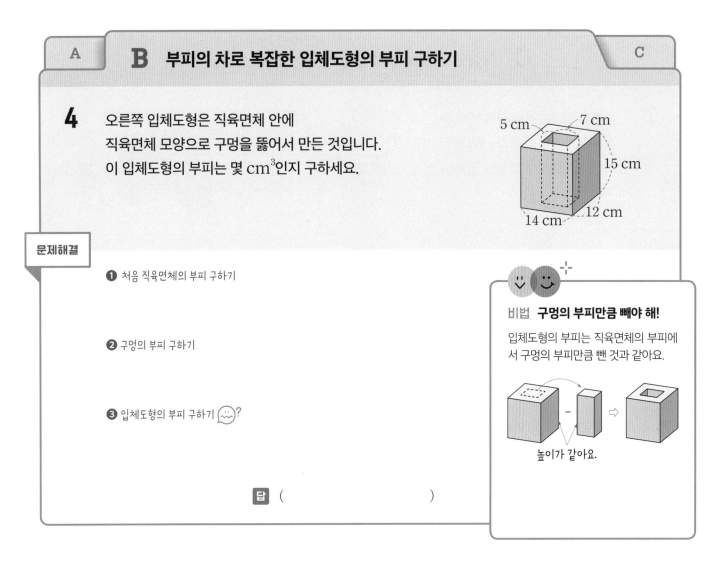

**문제해결**

❶ 처음 직육면체의 부피 구하기

❷ 구멍의 부피 구하기

❸ 입체도형의 부피 구하기 😵‍💫?

답 (                    )

**비법 구멍의 부피만큼 빼야 해!**

입체도형의 부피는 직육면체의 부피에
서 구멍의 부피만큼 뺀 것과 같아요.

높이가 같아요.

**5** 오른쪽 입체도형은 직육면체 안에 직육면체 모양으로 구멍을
뚫어서 만든 것입니다. 이 입체도형의 부피는 몇 $cm^3$인지 구
하세요.

(                    )

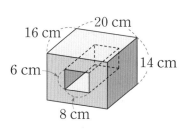

**6** 오른쪽 입체도형은 직육면체에서 직육면체 모양을 잘라 내어
만든 것입니다. 이 입체도형의 부피는 몇 $cm^3$인지 구하세요.

(                    )

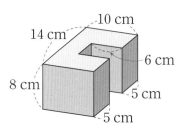

| A | B | **C 복잡한 입체도형의 겉넓이 구하기** |

**7** 오른쪽 입체도형은 직육면체에서
직육면체 모양을 잘라 내어 만든 것입니다.
이 입체도형의 겉넓이는 몇 cm²인지 구하세요.

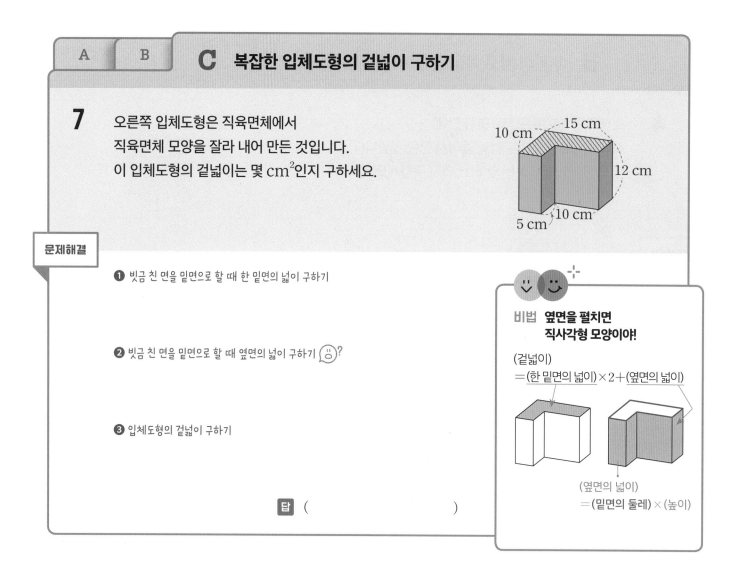

**문제해결**

❶ 빗금 친 면을 밑면으로 할 때 한 밑면의 넓이 구하기

❷ 빗금 친 면을 밑면으로 할 때 옆면의 넓이 구하기 🙂?

❸ 입체도형의 겉넓이 구하기

답 (                    )

비법 **옆면을 펼치면 직사각형 모양이야!**

(겉넓이)
= (한 밑면의 넓이)×2＋(옆면의 넓이)

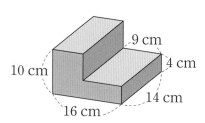

(옆면의 넓이)
= (밑면의 둘레)×(높이)

**8** 오른쪽 입체도형은 직육면체에서 직육면체 모양을 잘라 내
어 만든 것입니다. 이 입체도형의 겉넓이는 몇 cm²인지 구
하세요.

(                    )

**9** 오른쪽 입체도형은 직육면체에서 직육면체 모양을 잘라 내어 만든
것입니다. 이 입체도형의 겉넓이는 몇 cm²인지 구하세요.

(                    )

**01**

🔗 유형 01 Ⓐ

오른쪽 정육면체의 한 면의 넓이는 $64 \text{ cm}^2$입니다. 이 정육면체의 부피는
몇 $\text{cm}^3$인지 구하세요.

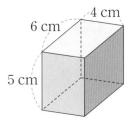

(        )

**02**

🔗 유형 04 Ⓐ

오른쪽 직육면체의 밑면의 가로와 세로를 각각 2배로 늘이고, 높이
는 3배로 늘였습니다. 늘인 직육면체의 부피는 처음 직육면체의 부
피의 몇 배인지 구하세요.

(        )

**03**

🔗 유형 02 Ⓑ

직육면체 가와 정육면체 나의 부피가 같습니다. 가의 겉넓이는 몇 $\text{cm}^2$인지 구하세요.

가               나

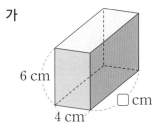 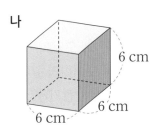

(        )

**04**

유형 03 **A**

오른쪽 전개도로 만든 직육면체의 겉넓이가 384 cm²일 때 선분 ㄱㄴ의 길이는 몇 cm인지 구하세요.

(                    )

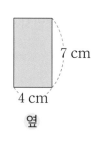

4 cm

9 cm

**05**

유형 05 **A**

직육면체를 앞, 옆에서 본 모양입니다. 이 직육면체의 겉넓이는 몇 cm²인지 구하세요.

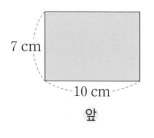

7 cm

10 cm

앞

7 cm

4 cm

옆

(                    )

**06**

유형 06 **C**

직육면체 모양의 수조에 물이 15 cm만큼 들어 있습니다. 이 수조에 한 모서리의 길이가 10 cm인 정육면체 모양의 나무 토막을 물에 완전히 잠기게 넣으면 물의 높이는 몇 cm가 되는지 구하세요.

(                    )

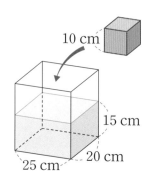

10 cm

15 cm

20 cm

25 cm

**07**

유형 05 ⓑ

직육면체를 다음과 같이 밑면에 수직이 되도록 3번 자르면 자르기 전보다 겉넓이가 몇 cm² 더 늘어나는지 구하세요.

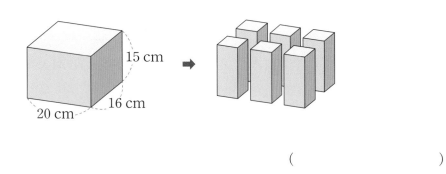

(                    )

**08**

유형 07 ⓑ

오른쪽 입체도형은 직육면체에서 직육면체 모양 3개를 잘라 내어 만든 것입니다. 이 입체도형의 부피는 몇 cm³인지 구하세요.

(                    )

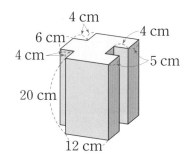

**09**

오른쪽 입체도형은 직육면체의 윗면에 정육면체 모양을 덜어 내어 만든 것입니다. 이 입체도형의 겉넓이는 몇 cm²인지 구하세요.

(                    )

# 기적학습연구소

## "혼자서 작은 산을 넘는 아이가 나중에 큰 산도 넘습니다."

본 연구소는 아이들이 스스로 큰 산까지 넘을 수 있는 힘을 키워 주고자 합니다.

아이들의 연령에 맞게 학습의 산을 작게 설계하여 혼자서 넘을 수 있다는 자신감을 심어 주고,

때로는 작은 고난도 경험하게 하여 가슴 벅찬 성취감을 느끼게 합니다.

국어, 수학 분과의 학습 전문가들이 아이들에게 실제로 적용해서 검증하며 차근차근 책을 출간합니다.

- 국어 분과 대표 저작물 : 〈기적의 독서논술〉, 〈기적의 독해력〉 외 다수
- 수학 분과 대표 저작물 : 〈기적의 계산법〉, 〈기적의 계산법 응용UP〉, 〈기적의 중학연산〉 외 다수

## 기적의 문제해결법 7권(초등6-1)

**초판 발행** 2023년 1월 1일

**지은이** 기적학습연구소
**발행인** 이종원
**발행처** 길벗스쿨
**출판사 등록일** 2006년 7월 1일
**주소** 서울시 마포구 월드컵로 10길 56(서교동)
**대표 전화** 02)332-0931 | **팩스** 02)333-5409
**홈페이지** school.gilbut.co.kr | **이메일** gilbut@gilbut.co.kr

**기획** 김미숙(winnerms@gilbut.co.kr) | **편집진행** 홍현경
**제작** 이준호, 손일순, 이진혁 | **영업마케팅** 문세연, 박다슬 | **웹마케팅** 박달님, 정유리, 윤승현
**영업관리** 김명자, 정경화 | **독자지원** 윤정아, 최희창
**디자인** 퍼플페이퍼 | **삽화** 이탁근
**전산편집** 글사랑 | **CTP 출력·인쇄** 교보피앤비 | **제본** 경문제책

ISBN 979-11-6406-495-3 64410
(길벗 도서번호 10845)

정가 15,000원

## 독자의 1초를 아껴주는 정성 길벗출판사

**길벗스쿨** 국어학습서, 수학학습서, 어학학습서, 어린이교양서, 교과서 school.gilbut.co.kr
**길벗** IT실용서, IT/일반 수험서, IT전문서, 경제실용서, 취미실용서, 건강실용서, 자녀교육서 www.gilbut.co.kr
**더퀘스트** 인문교양서, 비즈니스서
**길벗이지톡** 어학단행본, 어학수험서

memo

memo

# 기적의 문제 해결법

7 초등 6-1

## 정답과 풀이

# 차례

# 빠른 정답

빠른 정답은 각 문제의 정답만 모아 놓아 채점하기에 유용합니다.

## ① 분수의 나눗셈

**유형 01**

**10쪽** 1 ❶ $\dfrac{25}{9}$ cm² ❷ $13\dfrac{8}{9}$ cm²

답 $13\dfrac{8}{9}$ cm²

2 $7\dfrac{6}{7}$ cm²     3 $4\dfrac{4}{9}$ cm²

**11쪽** 4 ❶ $2\dfrac{13}{18}$ ❷ $\dfrac{49}{90}$ ❸ $2\dfrac{23}{90}$ 답 $2\dfrac{23}{90}$

5 5     6 $3\dfrac{4}{5}$

**유형 02**

**12쪽** 1 ❶ $\dfrac{45}{2}$ kg ❷ $4\dfrac{1}{2}$ kg 답 $4\dfrac{1}{2}$ kg

2 $\dfrac{5}{18}$ kg     3 $\dfrac{3}{10}$ L

**13쪽** 4 ❶ 7 kg ❷ $2\dfrac{1}{3}$ 배 답 $2\dfrac{1}{3}$ 배

5 $\dfrac{9}{11}$ 배     6 $14\dfrac{1}{7}$ 배

**14쪽** 7 ❶ $25 + \boxed{\dfrac{5}{8}} + \boxed{\dfrac{5}{8}}, 26\dfrac{1}{4}$ cm

❷ $8\dfrac{3}{4}$ cm 답 $8\dfrac{3}{4}$ cm

8 $5\dfrac{1}{10}$ cm     9 $2\dfrac{19}{30}$ cm

**유형 03**

**15쪽** 1 ❶ $\dfrac{9}{8}$ cm ❷ $13\dfrac{1}{2}$ cm 답 $13\dfrac{1}{2}$ cm

2 $1\dfrac{1}{5}$ m     3 21개

**16쪽** 4 ❶ $\dfrac{5}{6}$ m ❷ $4\dfrac{1}{6}$ m 답 $4\dfrac{1}{6}$ m

5 $6\dfrac{3}{10}$ m     6 $1\dfrac{1}{20}$ kg

**17쪽** 7 ❶ $\dfrac{3}{5}$ km ❷ $10\dfrac{4}{5}$ km 답 $10\dfrac{4}{5}$ km

8 $7\dfrac{2}{3}$ km     9 $25\dfrac{1}{5}$ 분

**유형 04**

**18쪽** 1 ❶ $\dfrac{9}{26}$ m ❷ $\dfrac{3}{26}$ m 답 $\dfrac{3}{26}$ m

2 $\dfrac{7}{10}$ m     3 $3\dfrac{8}{9}$ cm

**19쪽** 4 ❶ 높이, 2 ❷ $6\dfrac{2}{9}$ cm 답 $6\dfrac{2}{9}$ cm

5 $15\dfrac{1}{2}$ cm     6 $4\dfrac{1}{3}$ cm

**유형 05**

**20쪽** 1 ❶ $\dfrac{3}{44}$ ❷ $\dfrac{1}{88}$ 답 $\dfrac{1}{88}$

2 $\dfrac{15}{56}$     3 $\dfrac{26}{45}$

**21쪽** 4 ❶ $\dfrac{3}{20}$ ❷ $\dfrac{1}{40}$ 답 $\dfrac{1}{40}$

5 $2\dfrac{2}{3}$     6 $\dfrac{2}{121}$

**유형 06**

**22쪽** 1 ❶ $\boxed{8}\dfrac{\boxed{3}}{7} \div \boxed{2}$ ❷ $4\dfrac{3}{14}$ 답 $4\dfrac{3}{14}$

2 $\boxed{9}\dfrac{\boxed{5}}{7} \div \boxed{4} = \boxed{2\dfrac{3}{7}}$

3 예 $\dfrac{\boxed{8}}{5} \div \boxed{3} = \boxed{\dfrac{8}{15}}$

**23쪽** 4 ❶ $\boxed{1}\dfrac{\boxed{3}}{5} \div \boxed{7}$ ❷ $\dfrac{8}{35}$ 답 $\dfrac{8}{35}$

5 $\boxed{3}\dfrac{\boxed{5}}{8} \div \boxed{9} = \boxed{\dfrac{29}{72}}$

6 예 $\dfrac{\boxed{2}}{5} \div \boxed{7} = \boxed{\dfrac{2}{35}}$

**유형 07**

**24쪽** 7 ❶ $\dfrac{\boxed{2}}{3} \times \blacksquare$ ❷ 3, 6, 9, ...

❸ 3 답 3

2 7     3 15

**25쪽** 4 ❶ $\dfrac{\boxed{88} + \blacksquare}{\boxed{7}} \times \boxed{2}$ ❷ 3, 10, 17, ...

❸ 10 답 10

5 10     6 6

## 유형 04

**43쪽**

**1** ❶

❷ ㅂ, ㅂ/

**2**  **3**

**44쪽**

**4** ❶ 7 cm가 4군데, 9 cm가 2군데,
12 cm가 2군데
❷ 70 cm   탑 70 cm

**5** 152 cm      **6** 138 cm

## 유형 05

**45쪽**

**1** ❶ 10개   ❷ 12개   탑 12개

**2** 15개        **3** 7개

**46쪽**

**4** ❶ 삼각기둥, 사각기둥
❷ 삼각, 6개/사각, 8개   ❸ 14개
탑 14개

**5** 12개        **6** 6개

## 유형 마스터

**47쪽**

**01** 22개      **02** 9개       **03** 7 cm

**48쪽**

**04** 176 cm   **05** 5 cm     **06** 7 cm

**49쪽**

**07**

**08** 474 cm   **09** 4개

---

## 유형 01

**52쪽**

**1** ❶ 4, 7   ❷ 3개   탑 3개

**2** 5개        **3** 15

**53쪽**

**4** ❶ 6.55<6.■4   ❷ 4개   탑 4개

**5** 4개        **6** 4, 5, 6

## 유형 02

**54쪽**

**1** ❶ 2.94 L   ❷ 0.42 L   탑 0.42 L

**2** 7.5 kg      **3** 0.6 kg

**55쪽**

**4** ❶ 12군데   ❷ 6.9 m   탑 6.9 m

**5** 2.54 m      **6** 8.7 m

**56쪽**

**7** ❶ 3.6 cm   ❷ 0.06 cm
❸ 0.54 cm   탑 0.54 cm

**8** 1.04 cm     **9** 15.92 cm

## 유형 03

**57쪽**

**1** ❶ 6.03 cm   ❷ 48.24 cm
탑 48.24 cm

**2** 64.2 cm      **3** 12 cm

**58쪽**

**4** ❶ 29.28 cm   ❷ 7.32 cm
탑 7.32 cm

**5** 4.8 cm       **6** 4.4 cm

**59쪽**

**7** ❶ 95.4 cm$^2$   ❷ 12 cm   ❸ 7.95 cm
탑 7.95 cm

**8** 16.8 cm      **9** 22.25 m

## 유형 04

**60쪽**

**1** ❶ ⑥⑤.③÷② ❷ 32.65
탑 32.65

**2** 2.55        **3** 2.465

**61쪽**

**4** ❶ ④⑤.⑥÷⑧ ❷ 5.7   탑 5.7

**5** 0.05         **6** 4.675

## 유형 05

**62쪽**

**1** ❶ 50 km   ❷ 12.5 km   탑 12.5 km

**2** 23.8 km     **3** 10.44분

**63쪽**

**4** ❶ 120.7 m, 112.6 m   ❷ 8.1 m
❸ 121.5 m   탑 121.5 m

**5** 기차, 39.6 km   **6** 43.8 km

# 5 여러 가지 그래프

# 6 직육면체의 부피와 겉넓이

# 1 분수의 나눗셈

## 유형 01 등분하여 구하기

| 10쪽 | 1 ❶ $\frac{25}{9}$ cm² ❷ $13\frac{8}{9}$ cm² 🇹 $13\frac{8}{9}$ cm² |
|---|---|
| | 2 $7\frac{6}{7}$ cm²　　　　3 $4\frac{4}{9}$ cm² |
| 11쪽 | 4 ❶ $2\frac{13}{18}$ ❷ $\frac{49}{90}$ ❸ $2\frac{23}{90}$ 🇹 $2\frac{23}{90}$ |
| | 5 5　　　　　　6 $3\frac{4}{5}$ |

**1** ❶ 넓이가 $16\frac{2}{3}$ cm²인 정육각형을 똑같은 정삼각형 6개로 나누었으므로
(정삼각형 1개의 넓이)
$$=16\frac{2}{3}\div6=\frac{\overset{25}{\cancel{50}}}{3}\times\frac{1}{\underset{3}{\cancel{6}}}=\frac{25}{9}(\text{cm}^2)$$

❷ (색칠한 부분의 넓이)
= (정삼각형 1개의 넓이) × (색칠한 삼각형의 수)
$$=\frac{25}{9}\times5=\frac{125}{9}=13\frac{8}{9}(\text{cm}^2)$$

**2** (작은 삼각형 1개의 넓이)
= (전체 넓이) ÷ (똑같이 나눈 삼각형의 수)
$$=12\frac{4}{7}\div8=\frac{\overset{11}{\cancel{88}}}{7}\times\frac{1}{\underset{1}{\cancel{8}}}=\frac{11}{7}(\text{cm}^2)$$

(색칠한 부분의 넓이)
= (작은 삼각형 1개의 넓이) × (색칠한 삼각형의 수)
$$=\frac{11}{7}\times5=\frac{55}{7}=7\frac{6}{7}(\text{cm}^2)$$

**3** (직사각형 전체의 넓이) = (가로) × (세로)
$$=2\frac{1}{7}\times4\frac{2}{3}=\frac{\overset{5}{\cancel{15}}}{\underset{1}{\cancel{7}}}\times\frac{\overset{2}{\cancel{14}}}{\underset{1}{\cancel{3}}}=10(\text{cm}^2)$$

(작은 직사각형 1개의 넓이)
= (전체 넓이) ÷ (똑같이 나눈 직사각형의 수)
$$=10\div9=\frac{10}{9}(\text{cm}^2)$$

(색칠한 부분의 넓이)
= (작은 직사각형 1개의 넓이) × (색칠한 직사각형의 수)
$$=\frac{10}{9}\times4=\frac{40}{9}=4\frac{4}{9}(\text{cm}^2)$$

**4** ❶ ($1\frac{1}{6}$과 $3\frac{8}{9}$ 사이의 거리)
$$=3\frac{8}{9}-1\frac{1}{6}=3\frac{16}{18}-1\frac{3}{18}=2\frac{13}{18}$$

❷ $1\frac{1}{6}$과 $3\frac{8}{9}$ 사이의 거리를 똑같이 5로 나누었으므로
(눈금 한 칸의 크기) $=2\frac{13}{18}\div5=\frac{49}{18}\times\frac{1}{5}=\frac{49}{90}$

❸ ㉠이 나타내는 수는 $1\frac{1}{6}$에서 눈금 2칸만큼 더 간 수이므로
(㉠이 나타내는 수)
$$=1\frac{1}{6}+\frac{49}{90}\times2=\frac{105}{90}+\frac{98}{90}$$
$$=\frac{203}{90}=2\frac{23}{90}$$

**5** ($3\frac{4}{9}$와 $9\frac{2}{3}$ 사이의 거리)
$$=9\frac{2}{3}-3\frac{4}{9}=9\frac{6}{9}-3\frac{4}{9}=6\frac{2}{9}$$
(눈금 한 칸의 크기)
$$=(3\frac{4}{9}와 9\frac{2}{3} 사이의 거리)\div4$$
$$=6\frac{2}{9}\div4=\frac{\overset{14}{\cancel{56}}}{9}\times\frac{1}{\underset{1}{\cancel{4}}}=\frac{14}{9}=1\frac{5}{9}$$

㉠이 나타내는 수는 $3\frac{4}{9}$에서 $1\frac{5}{9}$만큼 더 간 수이므로
(㉠이 나타내는 수) $=3\frac{4}{9}+1\frac{5}{9}=4\frac{9}{9}=5$

**6** ($2\frac{3}{10}$과 $5\frac{4}{5}$ 사이의 거리)
$$=5\frac{4}{5}-2\frac{3}{10}=5\frac{8}{10}-2\frac{3}{10}=3\frac{5}{10}=3\frac{1}{2}$$
(눈금 한 칸의 크기)
$$=(2\frac{3}{10}과 5\frac{4}{5} 사이의 거리)\div7$$
$$=3\frac{1}{2}\div7=\frac{\overset{1}{\cancel{7}}}{2}\times\frac{1}{\underset{1}{\cancel{7}}}=\frac{1}{2}$$

㉠이 나타내는 수는 $2\frac{3}{10}$에서 $\frac{1}{2}$씩 3칸만큼 더 간 수이므로
(㉠이 나타내는 수) $=2\frac{3}{10}+\frac{1}{2}\times3$
$$=\frac{23}{10}+\frac{3}{2}=\frac{23}{10}+\frac{15}{10}$$
$$=\frac{38}{10}=\frac{19}{5}=3\frac{4}{5}$$

| | | |
|---|---|---|
| 12쪽 | **1** ❶ $\dfrac{45}{2}$ kg  ❷ $4\dfrac{1}{2}$ kg  ▣ $4\dfrac{1}{2}$ kg | |
| | **2** $\dfrac{5}{18}$ kg | **3** $\dfrac{3}{10}$ L |
| 13쪽 | **4** ❶ 7 kg  ❷ $2\dfrac{1}{3}$배  ▣ $2\dfrac{1}{3}$배 | |
| | **5** $\dfrac{9}{11}$배 | **6** $14\dfrac{1}{7}$배 |
| 14쪽 | **7** ❶ $25+\boxed{\dfrac{5}{8}}+\boxed{\dfrac{5}{8}}$, $26\dfrac{1}{4}$ cm | |
| | ❷ $8\dfrac{3}{4}$ cm  ▣ $8\dfrac{3}{4}$ cm | |
| | **8** $5\dfrac{1}{10}$ cm | **9** $2\dfrac{19}{30}$ cm |

**1** ❶ 한 봉지에 $3\dfrac{3}{4}$ kg씩이므로 설탕 6봉지의 무게는

$3\dfrac{3}{4}\times6=\dfrac{15}{\overset{}{\underset{2}{4}}}\times\overset{3}{6}=\dfrac{45}{2}$(kg)입니다.

❷ 전체 설탕 $\dfrac{45}{2}$ kg을 5명이 똑같이 나누어 가졌으므로 한 사람이 가진 설탕의 무게는

$\dfrac{45}{2}\div5=\dfrac{\overset{9}{45}}{2}\times\dfrac{1}{\underset{1}{5}}=\dfrac{9}{2}=4\dfrac{1}{2}$(kg)입니다.

**2** (전체 혼합 가루의 양)

$=$(밀가루의 양)$+$(쌀가루의 양)

$=1\dfrac{2}{3}+\dfrac{5}{6}=1\dfrac{4}{6}+\dfrac{5}{6}=2\dfrac{3}{6}=2\dfrac{1}{2}$(kg)

(빵 한 개를 만드는 데 사용한 혼합 가루의 양)

$=2\dfrac{1}{2}\div9=\dfrac{5}{2}\times\dfrac{1}{9}=\dfrac{5}{18}$(kg)

**3** (나누어 마신 전체 주스의 양)

$=$(병에 들어 있던 주스의 양)$-$(남은 주스의 양)

$=1\dfrac{3}{5}-\dfrac{2}{5}=1\dfrac{1}{5}$(L)

(한 사람이 마신 주스의 양)

$=1\dfrac{1}{5}\div4=\dfrac{\overset{3}{6}}{5}\times\dfrac{1}{\underset{2}{4}}=\dfrac{3}{10}$(L)

**4** ❷ (백미)$\div$(현미)$=7\div3=\dfrac{7}{3}=2\dfrac{1}{3}$(배)

**5** (지수네 학교의 여학생 수)$=400-220=180$(명)

(여학생 수)$\div$(남학생 수)

$=180\div220=\dfrac{180}{220}=\dfrac{9}{11}$(배)

**6** (동빈이의 몸무게)$=45\dfrac{3}{7}-3=42\dfrac{3}{7}$(kg)

(동빈이 몸무게)$\div$(고양이 무게)

$=42\dfrac{3}{7}\div3=\dfrac{\overset{99}{297}}{7}\times\dfrac{1}{\underset{1}{3}}=\dfrac{99}{7}=14\dfrac{1}{7}$(배)

**7** ❶

→(겹치지 않게 이어 붙였을 때 3장의 길이의 합)

$\quad=$(겹치게 이어 붙인 전체 길이)

$\qquad+$(겹친 부분 2군데의 길이의 합)

$\quad=25+\dfrac{5}{8}+\dfrac{5}{8}=25+\dfrac{10}{8}=25+\dfrac{5}{4}$

$\quad=25+1\dfrac{1}{4}=26\dfrac{1}{4}$(cm)

❷ (색 테이프 1장의 길이)

$\quad=26\dfrac{1}{4}\div3=\dfrac{\overset{35}{105}}{4}\times\dfrac{1}{\underset{1}{3}}=\dfrac{35}{4}=8\dfrac{3}{4}$(cm)

**8** (색 테이프 4장의 길이의 합)

$=18+\dfrac{4}{5}+\dfrac{4}{5}+\dfrac{4}{5}=18+\dfrac{12}{5}$

$=18+2\dfrac{2}{5}=20\dfrac{2}{5}$(cm)

(색 테이프 1장의 길이)

$=20\dfrac{2}{5}\div4=\dfrac{\overset{51}{102}}{5}\times\dfrac{1}{\underset{2}{4}}=\dfrac{51}{10}=5\dfrac{1}{10}$(cm)

**9** (겹친 부분의 길이의 합)

$=$(색 테이프 4장의 길이의 합)$-$(이어 붙인 전체 길이)

$=(8\dfrac{2}{5}\times4)-25\dfrac{7}{10}=\dfrac{42}{5}\times4-25\dfrac{7}{10}$

$=\dfrac{168}{5}-25\dfrac{7}{10}=33\dfrac{3}{5}-25\dfrac{7}{10}$

$=33\dfrac{6}{10}-25\dfrac{7}{10}=7\dfrac{9}{10}$(cm)

겹친 부분은 3군데이므로

$7\dfrac{9}{10}\div3=\dfrac{79}{10}\times\dfrac{1}{3}=\dfrac{79}{30}=2\dfrac{19}{30}$(cm)씩 겹치게 이어 붙였습니다.

| 15쪽 | 1 ❶ $\frac{9}{8}$ cm ❷ $13\frac{1}{2}$ cm 🔳 $13\frac{1}{2}$ cm |
|---|---|
| | 2 $1\frac{1}{5}$ m 　　　　3 21개 |
| 16쪽 | 4 ❶ $\frac{5}{6}$ m ❷ $4\frac{1}{6}$ m 🔳 $4\frac{1}{6}$ m |
| | 5 $6\frac{3}{10}$ m 　　　6 $1\frac{1}{20}$ kg |
| 17쪽 | 7 ❶ $\frac{3}{5}$ km ❷ $10\frac{4}{5}$ km 🔳 $10\frac{4}{5}$ km |
| | 8 $7\frac{2}{3}$ km 　　　9 $25\frac{1}{5}$ 분 |

**1** ❶ (책 1권의 두께)
= (책 8권을 쌓은 높이)÷(쌓은 권수)
$= 9 \div 8 = \frac{9}{8}$(cm)

❷ (책 12권의 높이)=(책 1권의 두께)×(쌓은 권수)
$= \frac{9}{\overset{}{8}} \times \overset{3}{\underset{2}{12}} = \frac{27}{2} = 13\frac{1}{2}$(cm)

**2** 8개 쌓아 올렸을 때의 높이를 구해야 하므로 1개의 높이를 먼저 구합니다.
(상자 1개의 높이)
= (상자 5개를 쌓은 높이)÷(쌓은 상자 수)
$= \frac{3}{4} \div 5 = \frac{3}{4} \times \frac{1}{5} = \frac{3}{20}$(m)
⇨ (상자 8개를 쌓은 높이)
= (상자 1개의 높이)×(쌓은 상자 수)
$= \frac{3}{\underset{5}{20}} \times \overset{2}{8} = \frac{6}{5} = 1\frac{1}{5}$(m)

**3** 9 kg으로 만들 수 있는 식빵의 수를 구해야 하므로 1 kg으로 만들 수 있는 식빵의 수를 먼저 구합니다.
(1 kg으로 만들 수 있는 식빵의 수)
$= 14 \div 6 = \overset{7}{14} \times \frac{1}{\underset{3}{6}} = \frac{7}{3}$(개)
⇨ (9 kg으로 만들 수 있는 식빵의 수)
$= \frac{7}{\underset{1}{3}} \times \overset{3}{9} = 21$(개)

**4** ❶ (철근 1 kg의 길이)
= (철근의 길이)÷(철근의 무게)
$= 5 \div 6 = \frac{5}{6}$(m)

❷ (철근 5 kg의 길이)
= (철근 1 kg의 길이)×(철근의 무게)
$= \frac{5}{6} \times 5 = \frac{25}{6} = 4\frac{1}{6}$(m)

**5** 9 kg의 길이를 구해야 하므로 1 kg의 길이를 먼저 구합니다.
(1 kg의 길이)$= 2\frac{4}{5} \div 4 = \frac{\overset{7}{14}}{5} \times \frac{1}{\underset{2}{4}} = \frac{7}{10}$(m)
⇨ (9 kg의 길이)$= \frac{7}{10} \times 9 = \frac{63}{10} = 6\frac{3}{10}$(m)

**6** 7 m의 무게를 구해야 하므로 1 m의 무게를 먼저 구합니다.
(1 m의 무게)$= \frac{9}{20} \div 3 = \frac{\overset{3}{9}}{20} \times \frac{1}{\underset{1}{3}} = \frac{3}{20}$(kg)
⇨ (7 m의 무게)$= \frac{3}{20} \times 7 = \frac{21}{20} = 1\frac{1}{20}$(kg)

**7** ❶ (1분 동안 가는 거리)
= (가는 거리)÷(걸린 시간)
$= 3 \div 5 = \frac{3}{5}$(km)

❷ (18분 동안 가는 거리)
= (1분 동안 가는 거리)×(가는 시간)
$= \frac{3}{5} \times 18 = \frac{54}{5} = 10\frac{4}{5}$(km)

**8** 4시간 동안 걷는 거리를 구해야 하므로 1시간 동안 걷는 거리를 먼저 구합니다.
(1시간 동안 걷는 거리)
$= 5\frac{3}{4} \div 3 = \frac{23}{4} \times \frac{1}{3} = \frac{23}{12}$(km)
⇨ (4시간 동안 걷는 거리)$= \frac{23}{\underset{3}{12}} \times \overset{1}{4} = \frac{23}{3} = 7\frac{2}{3}$(km)

**9** 3 km를 걷는 데 걸리는 시간을 구해야 하므로 1 km를 걷는 데 걸리는 시간을 먼저 구합니다.
(1 km를 걷는 데 걸리는 시간)
$= 42 \div 5 = \frac{42}{5}$(분)
(3 km를 걷는 데 걸리는 시간)
$= \frac{42}{5} \times 3 = \frac{126}{5} = 25\frac{1}{5}$(분)

유형 **04** 도형에서 분수의 나눗셈의 활용

| 18쪽 | 1 ❶ $\frac{9}{26}$ m ❷ $\frac{3}{26}$ m 🔳 $\frac{3}{26}$ m |
|---|---|
| | 2 $\frac{7}{10}$ m 　　　　3 $3\frac{8}{9}$ cm |
| 19쪽 | 4 ❶ 높이, 2 ❷ $6\frac{2}{9}$ cm 🔳 $6\frac{2}{9}$ cm |
| | 5 $15\frac{1}{2}$ cm 　　　6 $4\frac{1}{3}$ cm |

**1** ❶ 철사 $\dfrac{9}{13}$ m를 똑같이 2도막으로 나눈 것 중 한 도막을 사용했으므로 정삼각형을 만드는 데 사용한 길이는

$$\dfrac{9}{13} \div 2 = \dfrac{9}{13} \times \dfrac{1}{2} = \dfrac{9}{26}\text{(m)입니다.}$$

❷ $\dfrac{9}{26}$ m로 정삼각형을 만들었으므로 한 변의 길이는

$$\dfrac{9}{26} \div 3 = \dfrac{\overset{3}{\cancel{9}}}{26} \times \dfrac{1}{\underset{1}{\cancel{3}}} = \dfrac{3}{26}\text{(m)입니다.}$$

**2** (정사각형 한 개를 만드는 데 사용한 끈의 길이)

$$= 14 \div 5 = \dfrac{14}{5}\text{(m)}$$

(정사각형의 한 변의 길이)

$$= \dfrac{14}{5} \div 4 = \dfrac{\overset{7}{\cancel{14}}}{5} \times \dfrac{1}{\underset{2}{\cancel{4}}} = \dfrac{7}{10}\text{(m)}$$

**3** (정오각형을 만드는 데 사용한 철사의 길이)

$$= 4\dfrac{2}{3} \times 5 = \dfrac{14}{3} \times 5 = \dfrac{70}{3}\text{(cm)}$$

(정육각형의 한 변의 길이)

$$= \dfrac{70}{3} \div 6 = \dfrac{\overset{35}{\cancel{70}}}{3} \times \dfrac{1}{\underset{3}{\cancel{6}}} = \dfrac{35}{9} = 3\dfrac{8}{9}\text{(cm)}$$

**4** ❷ (높이) = (삼각형의 넓이) × 2 ÷ (밑변)

$$= 18\dfrac{2}{3} \times 2 \div 6 = \dfrac{56}{3} \times \overset{1}{\cancel{2}} \times \dfrac{1}{\underset{3}{\cancel{6}}}$$

$$= \dfrac{56}{9} = 6\dfrac{2}{9}\text{(cm)}$$

**5** (다른 대각선) = (마름모의 넓이) × 2 ÷ (한 대각선)

$$= 93 \times 2 \div 12 = \overset{31}{\cancel{186}} \times \dfrac{1}{\underset{2}{\cancel{12}}}$$

$$= \dfrac{31}{2} = 15\dfrac{1}{2}\text{(cm)}$$

> **참고**
> (한 대각선) × (다른 대각선) ÷ 2 = (마름모의 넓이)
> ⇨ (다른 대각선) = (마름모의 넓이) × 2 ÷ (한 대각선)

**6** (높이) = (사다리꼴의 넓이) × 2 ÷ ((윗변) + (아랫변))

$$= 28\dfrac{1}{6} \times 2 \div (4+9) = \dfrac{\overset{13}{\cancel{169}}}{\underset{3}{\cancel{6}}} \times \overset{1}{\cancel{2}} \times \dfrac{1}{\underset{1}{\cancel{13}}}$$

$$= \dfrac{13}{3} = 4\dfrac{1}{3}\text{(cm)}$$

> **참고**
> ((윗변) + (아랫변)) × (높이) ÷ 2 = (사다리꼴의 넓이)
> ⇨ (높이) = (사다리꼴의 넓이) × 2 ÷ ((윗변) + (아랫변))

---

| | | | | | |
|---|---|---|---|---|---|
| **유형 05** 곱셈과 나눗셈의 관계 활용 | | | | | |
| 20쪽 | 1 ❶ $\dfrac{3}{44}$ | ❷ $\dfrac{1}{88}$ | 답 $\dfrac{1}{88}$ | | |
| | 2 $\dfrac{15}{56}$ | | | 3 $\dfrac{26}{45}$ | |
| 21쪽 | 4 ❶ $\dfrac{3}{20}$ | ❷ $\dfrac{1}{40}$ | 답 $\dfrac{1}{40}$ | | |
| | 5 $2\dfrac{2}{3}$ | | | 6 $\dfrac{2}{121}$ | |

**1** ❶ ㉠ × 8 = $\dfrac{6}{11}$에서 ㉠ = $\dfrac{6}{11} \div 8 = \dfrac{\overset{3}{\cancel{6}}}{11} \times \dfrac{1}{\underset{4}{\cancel{8}}} = \dfrac{3}{44}$

❷ ㉠ = $\dfrac{3}{44}$이므로 ㉠ ÷ 6 = ㉡에서

$$\dfrac{3}{44} \div 6 = ㉡, \ ㉡ = \dfrac{3}{44} \div 6 = \dfrac{\overset{1}{\cancel{3}}}{44} \times \dfrac{1}{\underset{2}{\cancel{6}}} = \dfrac{1}{88}$$

**2** 15 ÷ ㉠ = 8에서 ㉠ = 15 ÷ 8 = $\dfrac{15}{8}$

㉠ = $\dfrac{15}{8}$이므로 7 × ㉡ = $\dfrac{15}{8}$가 됩니다.

$$⇨ ㉡ = \dfrac{15}{8} \div 7 = \dfrac{15}{8} \times \dfrac{1}{7} = \dfrac{15}{56}$$

**3** 9 × ㉠ = 4에서 ㉠ = 4 ÷ 9 = $\dfrac{4}{9}$

$$\dfrac{4}{5} \div ㉡ = 6에서 ㉡ = \dfrac{4}{5} \div 6 = \dfrac{\overset{2}{\cancel{4}}}{5} \times \dfrac{1}{\underset{3}{\cancel{6}}} = \dfrac{2}{15}$$

$$⇨ ㉠ + ㉡ = \dfrac{4}{9} + \dfrac{2}{15} = \dfrac{20}{45} + \dfrac{6}{45} = \dfrac{26}{45}$$

**4** ❶ 어떤 수를 □라 하면 잘못 계산한 식 □ × 6 = $\dfrac{9}{10}$에서 □의 값을 구합니다.

$$⇨ □ × 6 = \dfrac{9}{10}, □ = \dfrac{9}{10} \div 6 = \dfrac{\overset{3}{\cancel{9}}}{10} \times \dfrac{1}{\underset{2}{\cancel{6}}} = \dfrac{3}{20}$$

❷ 어떤 수가 $\dfrac{3}{20}$이므로 바르게 계산하면

$$\dfrac{3}{20} \div 6 = \dfrac{\overset{1}{\cancel{3}}}{20} \times \dfrac{1}{\underset{2}{\cancel{6}}} = \dfrac{1}{40}\text{입니다.}$$

**5** 어떤 수를 □라 하면

잘못 계산한 식 □ ÷ 6 = 4에서 □ = 4 × 6 = 24입니다.

바르게 계산하면 24 ÷ 9 = $\dfrac{24}{9} = \dfrac{8}{3} = 2\dfrac{2}{3}$입니다.

**6** 어떤 수를 □라 하면 잘못 계산한 식 $\dfrac{4}{11} \div □ = 8$에서

$$□ = \dfrac{4}{11} \div 8 = \dfrac{\overset{1}{\cancel{4}}}{11} \times \dfrac{1}{\underset{2}{\cancel{8}}} = \dfrac{1}{22}\text{입니다.}$$

바르게 계산하면 $\dfrac{\overset{2}{\cancel{4}}}{11} \times \dfrac{1}{\underset{11}{\cancel{22}}} = \dfrac{2}{121}$입니다.

**22쪽**

**1** ❶ $8\dfrac{3}{7}\div 2$   ❷ $4\dfrac{3}{14}$   **답** $4\dfrac{3}{14}$

**2** $9\dfrac{5}{7}\div 4 = 2\dfrac{3}{7}$

**3** 예 $\dfrac{8}{5}\div 3 = \dfrac{8}{15}$

**23쪽**

**4** ❶ $1\dfrac{3}{5}\div 7$   ❷ $\dfrac{8}{35}$   **답** $\dfrac{8}{35}$

**5** $3\dfrac{5}{8}\div 9 = \dfrac{29}{72}$

**6** 예 $\dfrac{2}{5}\div 7 = \dfrac{2}{35}$

**1** ❶ 나누는 수에 가장 작은 수 2를 넣고, 나머지 수로 가장 큰 대분수를 만듭니다. 대분수는 자연수가 클수록 큰 분수이므로 3, 7, 8로 만들 수 있는 가장 큰 대분수는 $8\dfrac{3}{7}$입니다. ⇨ $8\dfrac{3}{7}\div 2$

❷ $8\dfrac{3}{7}\div 2 = \dfrac{59}{7}\times\dfrac{1}{2} = \dfrac{59}{14} = 4\dfrac{3}{14}$

**2** 나누는 수에 가장 작은 수 4를 넣고, 나머지 수로 가장 큰 대분수를 만들면 $9\dfrac{5}{7}$입니다.

⇨ $9\dfrac{5}{7}\div 4 = \dfrac{\overset{17}{\cancel{68}}}{7}\times\dfrac{1}{\underset{1}{\cancel{4}}} = \dfrac{17}{7} = 2\dfrac{3}{7}$

**3** 나누는 수에 가장 작은 수 3을 넣고, 나머지 세 수 중 2개를 골라 가장 큰 분수를 만듭니다. 이때 만들 수 있는 분수는 진분수와 가분수이고, 가장 큰 분수를 만들어야 하므로 가분수만 생각합니다. 5, 7, 8 중에서 2개를 골라 만들 수 있는 가분수는 $\dfrac{7}{5}$, $\dfrac{8}{5}$, $\dfrac{8}{7}$이고 이 중에서 가장 큰 분수는 $\dfrac{8}{5}$입니다. ⇨ $\dfrac{8}{5}\div 3 = \dfrac{8}{5}\times\dfrac{1}{3} = \dfrac{8}{15}$

**다른 풀이**

$\dfrac{\text{ⓒ}}{\text{㉠}}\div\text{ⓒ} = \dfrac{\text{ⓒ}}{\text{㉠}}\times\dfrac{1}{\text{ⓒ}} = \dfrac{\text{ⓒ}}{\text{㉠}\times\text{ⓒ}}$에서 ⓒ이 클수록, ㉠×ⓒ이 작을수록 몫이 커집니다. 따라서 ⓒ에 가장 큰 수 8을 넣고, ㉠, ⓒ에 가장 작은 수와 두 번째로 작은 수인 3, 5를 넣으면 $\dfrac{8}{3\times 5}$입니다.

$\dfrac{8}{3\times 5}$ ⇨ $\dfrac{8}{3}\div 5 = \dfrac{8}{3}\times\dfrac{1}{5} = \dfrac{8}{15}$ 또는
$\dfrac{8}{5}\div 3 = \dfrac{8}{5}\times\dfrac{1}{3} = \dfrac{8}{15}$

**4** ❶ 나누는 수에 가장 큰 수 7을 넣고, 나머지 수로 가장 작은 대분수를 만듭니다. 대분수는 자연수가 작을수록 작은 분수이므로 1, 3, 5로 만들 수 있는 가장 작은 대분수는 $1\dfrac{3}{5}$입니다. ⇨ $1\dfrac{3}{5}\div 7$

❷ $1\dfrac{3}{5}\div 7 = \dfrac{8}{5}\times\dfrac{1}{7} = \dfrac{8}{35}$

**5** 나누는 수에 가장 큰 수 9를 넣고, 나머지 수로 가장 작은 대분수를 만들면 $3\dfrac{5}{8}$입니다.

⇨ $3\dfrac{5}{8}\div 9 = \dfrac{29}{8}\times\dfrac{1}{9} = \dfrac{29}{72}$

**6** 나누는 수에 가장 큰 수 7을 넣고, 나머지 세 수 중 2개를 골라 가장 작은 분수를 만듭니다. 이때 만들 수 있는 분수는 진분수와 가분수이고, 가장 작은 분수를 만들어야 하므로 진분수만 생각합니다. 2, 4, 5 중에서 2개를 골라 만들 수 있는 진분수는 $\dfrac{2}{4}$, $\dfrac{2}{5}$, $\dfrac{4}{5}$이고 이 중에서 가장 작은 분수는 $\dfrac{2}{5}$입니다. ⇨ $\dfrac{2}{5}\div 7 = \dfrac{2}{5}\times\dfrac{1}{7} = \dfrac{2}{35}$

**다른 풀이**

$\dfrac{\text{ⓒ}}{\text{㉠}}\div\text{ⓒ} = \dfrac{\text{ⓒ}}{\text{㉠}}\times\dfrac{1}{\text{ⓒ}} = \dfrac{\text{ⓒ}}{\text{㉠}\times\text{ⓒ}}$에서 ⓒ이 작을수록, ㉠×ⓒ이 클수록 몫이 작아집니다. 따라서 ⓒ에 가장 가장 작은 수 2를 넣고, ㉠, ⓒ에 가장 큰 수와 두 번째로 큰 수인 7, 5를 넣으면 $\dfrac{2}{7\times 5}$입니다.

$\dfrac{2}{7\times 5}$ ⇨ $\dfrac{2}{7}\div 5 = \dfrac{2}{7}\times\dfrac{1}{5} = \dfrac{2}{35}$ 또는
$\dfrac{2}{5}\div 7 = \dfrac{2}{5}\times\dfrac{1}{7} = \dfrac{2}{35}$

**24쪽**

**1** ❶ $\dfrac{2}{3}\times\blacksquare$   ❷ 3, 6, 9, …   ❸ 3   **답** 3

**2** 7   **3** 15

**25쪽**

**4** ❶ $\dfrac{88+\blacksquare}{7}\times 2$   ❷ 3, 10, 17, …

❸ 10   **답** 10

**5** 10   **6** 6

**1** ❶ $3\dfrac{1}{3}\div 5\times\blacksquare = \dfrac{\overset{2}{\cancel{10}}}{3}\times\dfrac{1}{\underset{1}{\cancel{5}}}\times\blacksquare = \dfrac{2}{3}\times\blacksquare$

❷ $\frac{2}{3} \times \blacksquare$가 자연수가 되려면

　　$\blacksquare$는 3의 배수인 3, 6, 9, ...이어야 합니다.

❸ 3의 배수 중에서 가장 작은 수는 3이므로 $\blacksquare=3$입니다.

**2** $2\frac{6}{7} \times \square \div 20 = \overset{1}{\cancel{\frac{20}{7}}} \times \square \times \frac{1}{\underset{1}{\cancel{20}}} = \frac{1}{7} \times \square$에서

$\frac{1}{7} \times \square$가 자연수가 되려면 $\square$는 7의 배수가 되어야 합니다.

7의 배수 중 가장 작은 수는 7이므로 $\square=7$입니다.

**3** $\square \div 6 \times 1\frac{3}{5} = \square \times \frac{1}{\underset{3}{\cancel{6}}} \times \frac{\overset{4}{\cancel{8}}}{5} = \square \times \frac{4}{15}$에서

$\square \times \frac{4}{15}$가 자연수가 되려면 $\square$는 15의 배수가 되어야 합니다.

15의 배수 중 가장 작은 수는 15이므로 $\square=15$입니다.

**4** ❶ $8\frac{\blacksquare}{11} \div 7 \times 22 = \frac{88+\blacksquare}{11} \times \frac{1}{7} \times \overset{2}{\cancel{22}}$

　　　　　　　$= \frac{88+\blacksquare}{7} \times 2$

❷ $\frac{88+\blacksquare}{7} \times 2$가 자연수가 되려면 $\frac{88+\blacksquare}{7}$가 자연수가 되어야 하므로 $88+\blacksquare$가 7의 배수이어야 합니다. 이때 $\blacksquare=3, 10, 17, ...$이 됩니다.

> **참고**
>
> $88 \div 7 = 12 \cdots 4$이므로 $88+\blacksquare$가 7의 배수가 되려면 $88+\blacksquare$는 $7 \times 13 = 91$, $7 \times 14 = 98$, $7 \times 15 = 105$, ...이어야 합니다.

❸ $8\frac{\blacksquare}{11}$에서 $\blacksquare$는 분모 11보다 작아야 하므로 3, 10, 17, ... 중에서 11보다 작은 수는 3, 10이고 이 중에서 가장 큰 수는 10입니다.

**5** $21 \times 3\frac{\square}{14} \div 2 = \overset{3}{\cancel{21}} \times \frac{42+\square}{\underset{2}{\cancel{14}}} \times \frac{1}{2} = 3 \times \frac{42+\square}{4}$에

서 계산 결과가 자연수가 되려면 $42+\square$가 4의 배수가 되어야 하므로 $\square=2, 6, 10, 14, ...$입니다.

$3\frac{\square}{14}$에서 $\square$는 14보다 작아야 하므로 $\square$ 안에 들어갈 수 있는 수는 2, 6, 10이고 이 중에서 가장 큰 수는 10입니다.

**6** $24 \div 5 \times 3\frac{\square}{8} = \overset{3}{\cancel{24}} \times \frac{1}{5} \times \frac{24+\square}{\underset{1}{\cancel{8}}} = 3 \times \frac{24+\square}{5}$에

서 계산 결과가 자연수가 되려면 $24+\square$가 5의 배수가 되어야 하므로 $\square=1, 6, 11, ...$입니다.

$3\frac{\square}{8}$에서 $\square$는 8보다 작아야 하므로 $\square$ 안에 들어갈 수 있는 수는 1, 6이고 이 중에서 가장 큰 수는 6입니다.

---

<table>
<tr><td rowspan="2">26쪽</td><td>1</td><td>❶ $\frac{73}{36}$ kg　❷ $16\frac{2}{9}$ kg　目 $16\frac{2}{9}$ kg</td></tr>
<tr><td>2</td><td>$3\frac{1}{8}$ kg　　　　　3　$\frac{9}{200}$ kg</td></tr>
<tr><td rowspan="2">27쪽</td><td>4</td><td>❶ 3분 20초　❷ 오전 9시 56분 40초<br>目 9시 56분 40초</td></tr>
<tr><td>5</td><td>5시 55분 45초　　6　7시 3분 30초</td></tr>
<tr><td rowspan="2">28쪽</td><td>7</td><td>❶ $\frac{1}{12}$, $\frac{1}{6}$　❷ $\frac{1}{4}$　❸ 4일　目 4일</td></tr>
<tr><td>8</td><td>6일　　　　　9　12분</td></tr>
</table>

**유형 08** 실생활에서 분수의 나눗셈의 활용

**1** ❶ (멜론 3통의 무게)
　= (멜론 3통이 든 상자의 무게) − (상자의 무게)
　$= 6\frac{5}{6} - \frac{3}{4} = 6\frac{10}{12} - \frac{9}{12} = 6\frac{1}{12}$(kg)
　(멜론 1통의 무게) = (멜론 3통의 무게) ÷ 3
　　　　　　$= 6\frac{1}{12} \div 3 = \frac{73}{12} \times \frac{1}{3}$
　　　　　　$= \frac{73}{36}$(kg)

❷ (멜론 8통의 무게) = (멜론 1통의 무게) × 8
　　　　$= \frac{73}{\underset{9}{\cancel{36}}} \times \overset{2}{\cancel{8}} = \frac{146}{9} = 16\frac{2}{9}$(kg)

**2** (빵 9개의 무게)
$= 2\frac{1}{4} - \frac{3}{8} = \frac{9}{4} - \frac{3}{8} = \frac{18}{8} - \frac{3}{8} = \frac{15}{8}$(kg)

(빵 1개의 무게) $= \frac{15}{8} \div 9 = \frac{15}{8} \times \frac{1}{\underset{3}{\cancel{9}}} = \frac{5}{24}$(kg)

⇨ (빵 15개의 무게) $= \frac{5}{\underset{8}{\cancel{24}}} \times \overset{5}{\cancel{15}} = \frac{25}{8} = 3\frac{1}{8}$(kg)

**3** (초콜릿 상자 1개의 무게)
$= 5\frac{3}{8} \div 5 = \frac{43}{8} \times \frac{1}{5} = \frac{43}{40}$(kg)
(초콜릿 15개의 무게)
$= \frac{43}{40} - \frac{2}{5} = \frac{43}{40} - \frac{16}{40} = \frac{27}{40}$(kg)

⇨ (초콜릿 1개의 무게)

$= \frac{27}{40} \div 15 = \frac{\overset{9}{\cancel{27}}}{40} \times \frac{1}{\underset{5}{\cancel{15}}} = \frac{9}{200}$(kg)

**4** ❶ (하루에 느려지는 시간)

$$=10 \div 3 = \frac{10}{3} = 3\frac{1}{3} \text{(분)}$$

$$3\frac{1}{3}\text{분} = 3\text{분} + (\frac{1}{\underset{1}{3}} \times \overset{20}{60})\text{초} = 3\text{분 } 20\text{초}$$

❷ 다음 날 오전 10시까지는 하루가 지난 시간이므로 시계는 3분 20초 느려집니다.
따라서 다음 날 오전 10시에 시계가 가리키는 시각은
오전 10시 − 3분 20초 = 오전 9시 56분 40초

---

**참고**
느려지는 시계의 시각을 구할 때에는 시간의 뺄셈을 합니다.

---

**5** (하루에 느려지는 시간)

$$=17 \div 4 = \frac{17}{4} = 4\frac{1}{4} \text{(분)}$$

$$4\frac{1}{4}\text{분} = 4\text{분} + (\frac{1}{\underset{1}{4}} \times \overset{15}{60})\text{초} = 4\text{분 } 15\text{초}$$

⇨ (다음 날 오후 6시에 시계가 가리키는 시각)
  = 오후 6시 − 4분 15초
  = 오후 5시 55분 45초

---

**6** (하루에 빨라지는 시간)

$$=5\frac{5}{6} \div 5 = \frac{35}{6} \times \frac{1}{\underset{1}{5}} = \frac{7}{6} \text{(분)}$$

목요일은 월요일에서 3일 후이므로 시계가 3일 동안 빨라지는 시간은 $\frac{7}{\underset{2}{6}} \times \overset{1}{3} = \frac{7}{2} = 3\frac{1}{2}$(분)입니다.

$$3\frac{1}{2}\text{분} = 3\text{분} + (\frac{1}{\underset{1}{2}} \times \overset{30}{60})\text{초} = 3\text{분 } 30\text{초}$$

⇨ (목요일 오전 7시에 시계가 가리키는 시각)
  = 오전 7시 + 3분 30초
  = 오전 7시 3분 30초

---

**7** ❶ 지현 : (전체 일의 양)÷(일한 날수)

$$= 1 \div 12 = \frac{1}{12}$$

아람 : (한 일의 양)÷(일한 날수)

$$= \frac{2}{3} \div 4 = \frac{\overset{1}{2}}{3} \times \frac{1}{\underset{2}{4}} = \frac{1}{6}$$

❷ (두 사람이 함께 하루 동안 하는 일의 양)

$$= \frac{1}{12} + \frac{1}{6} = \frac{1}{12} + \frac{2}{12} = \frac{3}{12} = \frac{1}{4}$$

❸ 두 사람이 함께 일하면 하루 동안 전체의 $\frac{1}{4}$을 하므로, 전체 일(1)을 끝내려면 4일이 걸립니다.

---

**8** (형이 하루 동안 하는 일의 양)

$$= \frac{3}{4} \div 6 = \frac{\overset{1}{3}}{4} \times \frac{1}{\underset{2}{6}} = \frac{1}{8}$$

(동생이 하루 동안 하는 일의 양)

$$= \frac{5}{8} \div 15 = \frac{\overset{1}{5}}{8} \times \frac{1}{\underset{3}{15}} = \frac{1}{24}$$

(두 사람이 함께 하루 동안 하는 일의 양)

$$= \frac{1}{8} + \frac{1}{24} = \frac{3}{24} + \frac{1}{24}$$

$$= \frac{4}{24} = \frac{1}{6}$$

⇨ 두 사람이 함께 일하면 일을 끝내는 데 6일이 걸립니다.

---

**9** (㉮ 수도로 1분 동안 채우는 물의 양)

$$= \frac{5}{12} \div 15 = \frac{\overset{1}{5}}{12} \times \frac{1}{\underset{3}{15}} = \frac{1}{36}$$

두 수도를 동시에 틀면 9분 만에 가득 채울 수 있으므로 (㉮ 수도와 ㉯ 수도를 동시에 틀었을 때 1분 동안 채우는 물의 양)$= 1 \div 9 = \frac{1}{9}$

(㉯ 수도로 1분 동안 채우는 물의 양)

$$= \frac{1}{9} - \frac{1}{36} = \frac{4}{36} - \frac{1}{36}$$

$$= \frac{3}{36} = \frac{1}{12}$$

⇨ ㉯ 수도만 틀어서 빈 물탱크를 가득 채우려면 12분이 걸립니다.

---

### 단원 **1** 유형 마스터

| | 01 | 02 | 03 |
|---|---|---|---|
| 29쪽 | $9\frac{2}{5}$ | $\frac{21}{25}$ kg | $\frac{5}{48}$ |
| | **04** | **05** | **06** |
| 30쪽 | $4\frac{4}{5}$ | $4\frac{9}{10}, \frac{14}{45}$ | $3\frac{1}{4}$ kg |
| | **07** | **08** | **09** |
| 31쪽 | $8\frac{1}{2}$ cm² | $\frac{1}{2}$ km | 9시간 |

---

**01** ($2\frac{1}{5}$과 $6\frac{7}{10}$ 사이의 거리)

$$= 6\frac{7}{10} - 2\frac{1}{5} = 6\frac{7}{10} - 2\frac{2}{10}$$

$$= 4\frac{5}{10} = 4\frac{1}{2}$$

(눈금 한 칸의 크기)

$$= (2\frac{1}{5}과 6\frac{7}{10} 사이의 거리) \div 5$$

$$= 4\frac{1}{2} \div 5 = \frac{9}{2} \times \frac{1}{5} = \frac{9}{10}$$

⊙이 나타내는 수는 $6\frac{7}{10}$에서 $\frac{9}{10}$씩 3칸만큼 더 간 수입니다.

⇨ (⊙이 나타내는 수)

$$=6\frac{7}{10}+\frac{9}{10}\times3=\frac{67}{10}+\frac{27}{10}$$

$$=\frac{94}{10}=9\frac{4}{10}=9\frac{2}{5}$$

**02** (30일 동안 먹은 쌀 양)

$$=8\frac{2}{5}\times3=\frac{42}{5}\times3=\frac{126}{5}(\text{kg})$$

(하루에 먹은 쌀 양)

$$=\frac{126}{5}\div30=\frac{\overset{21}{\cancel{126}}}{5}\times\frac{1}{\underset{5}{\cancel{30}}}=\frac{21}{25}(\text{kg})$$

**03** 어떤 수를 □라 하면 잘못 계산한 식에서

$$\square\times6=3\frac{3}{4},\ \square=3\frac{3}{4}\div6=\frac{\overset{5}{\cancel{15}}}{4}\times\frac{1}{\underset{2}{\cancel{6}}}=\frac{5}{8}$$

⇨ (바른 계산)$=\frac{5}{8}\div6=\frac{5}{8}\times\frac{1}{6}=\frac{5}{48}$

**04** (삼각형의 넓이)$=6\times8\div2=24(\text{cm}^2)$

⇨ $\square=24\times2\div10=48\div10$

$$=\frac{48}{10}=\frac{24}{5}=4\frac{4}{5}$$

**05** 〈나눗셈의 몫이 가장 클 때〉

$$\boxed{9}\boxed{\frac{4}{5}}\div\boxed{2}=\frac{49}{5}\times\frac{1}{2}=\frac{49}{10}=4\frac{9}{10}$$

〈나눗셈의 몫이 가장 작을 때〉

$$\boxed{2}\boxed{\frac{4}{5}}\div\boxed{9}=\frac{14}{5}\times\frac{1}{9}=\frac{14}{45}$$

**06** (배추 3포기가 들어 있는 상자 1개의 무게)

$$=45\div4=\frac{45}{4}=11\frac{1}{4}(\text{kg})$$

빈 상자 1개의 무게가 1.5 kg이므로

(배추 3포기의 무게)

$$=11\frac{1}{4}-1.5=11\frac{1}{4}-1\frac{5}{10}$$

$$=11\frac{1}{4}-1\frac{1}{2}=11\frac{1}{4}-1\frac{2}{4}=9\frac{3}{4}(\text{kg})$$

⇨ (배추 한 포기의 무게)

$$=9\frac{3}{4}\div3=\frac{\overset{13}{\cancel{39}}}{4}\times\frac{1}{\underset{1}{\cancel{3}}}=\frac{13}{4}=3\frac{1}{4}(\text{kg})$$

**07** 직사각형 ㄱㄴㄷㄹ을 똑같은 정사각형 12개로 나누었으므로

(정사각형 1개의 넓이)

$$=20\frac{2}{5}\div12=\frac{\overset{17}{\cancel{102}}}{5}\times\frac{1}{\underset{2}{\cancel{12}}}=\frac{17}{10}=1\frac{7}{10}(\text{cm}^2)$$

다음 그림과 같이 빗금 친 부분을 옮기면 색칠한 부분은 정사각형 5개의 넓이와 같습니다.

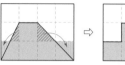

(색칠한 부분의 넓이)

$$=1\frac{7}{10}\times5=\frac{17}{\underset{2}{\cancel{10}}}\times\overset{1}{\cancel{5}}=\frac{17}{2}=8\frac{1}{2}(\text{cm}^2)$$

**08** (재용이가 1분 동안 걷는 거리)

$$=\frac{5}{8}\div15=\frac{\overset{1}{\cancel{5}}}{8}\times\frac{1}{\underset{3}{\cancel{15}}}=\frac{1}{24}(\text{km})$$

(동하가 1분 동안 걷는 거리)

$$=\frac{2}{3}\div8=\frac{\overset{1}{\cancel{2}}}{3}\times\frac{1}{\underset{4}{\cancel{8}}}=\frac{1}{12}(\text{km})$$

⇨ (1분 후 두 사람 사이의 거리)

$$=\frac{1}{12}-\frac{1}{24}=\frac{2}{24}-\frac{1}{24}=\frac{1}{24}(\text{km})$$

⇨ (12분 후 두 사람 사이의 거리)

$$=\frac{1}{\underset{2}{\cancel{24}}}\times\overset{1}{\cancel{12}}=\frac{1}{2}(\text{km})$$

**09** (지우가 1시간 동안 하는 일의 양)

$$=\frac{1}{3}\div5=\frac{1}{3}\times\frac{1}{5}=\frac{1}{15}$$

지우가 하고 남은 일의 양은

전체의 $1-\frac{1}{3}=\frac{2}{3}$이므로

(재민이가 1시간 동안 하는 일의 양)

$$=\frac{2}{3}\div15=\frac{2}{3}\times\frac{1}{15}=\frac{2}{45}$$

⇨ (두 사람이 함께 1시간 동안 하는 일의 양)

$$=\frac{1}{15}+\frac{2}{45}=\frac{3}{45}+\frac{2}{45}=\frac{5}{45}=\frac{1}{9}$$

⇨ 두 사람이 처음부터 함께 일을 하면 1시간 동안 전체의 $\frac{1}{9}$을 하므로 9시간 만에 끝낼 수 있습니다.

# 2 각기둥과 각뿔

**1** ❶ 밑면이 삼각형이므로 삼각기둥입니다.
❷ 각기둥의 모서리의 수는 한 밑면의 변의 수의 3배이
므로 삼각기둥의 모서리의 수는
(한 밑면의 변의 수)×3=3×3=9(개)입니다.

**2** 밑면이 오각형이므로 오각기둥입니다.

⇨ (오각기둥의 꼭짓점의 수)=(한 밑면의 변의 수)×2
=5×2=10(개)

**3** 밑면이 사각형이므로 사각뿔입니다.

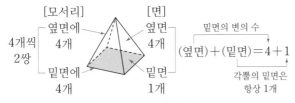

(사각뿔의 면의 수)=(밑변의 변의 수)+1
=4+1=5(개)
(사각뿔의 모서리의 수)=(밑면의 변의 수)×2
=4×2=8(개)
⇨ (사각뿔의 면의 수)+(사각뿔의 모서리의 수)
=5+8=13(개)

**4** ❶ 밑면과 옆면이 수직으로 만나므로 각기둥입니다.
❷ (각기둥의 면의 수)=(한 밑면의 변의 수)+2이므로
(한 밑면의 변의 수)=(각기둥의 면의 수)−2
=9−2=7(개)
⇨ 한 밑면의 변의 수가 7개이므로 칠각기둥입니다.

**❸** (칠각기둥의 모서리의 수)=(한 밑면의 변의 수)×3
=7×3=21(개)

**5** 합동인 밑면이 2개이고 옆면이 모두 직사각형이므로 각
기둥입니다.
(각기둥의 꼭짓점의 수)=(한 밑면의 변의 수)×2이므로
(한 밑면의 변의 수)
=(각기둥의 꼭짓점의 수)÷2=12÷2=6(개)
→ 한 밑면의 변의 수가 6개이므로 육각기둥입니다.
⇨ (육각기둥의 면의 수)
=(한 밑면의 변의 수)+2=6+2=8(개)

**6** 밑면이 2개이고 서로 합동이면서 옆면이 모두 직사각형
인 입체도형은 각기둥입니다.
(각기둥의 모서리의 수)=(한 밑면의 변의 수)×3이므로
(한 밑면의 변의 수)
=(각기둥의 모서리의 수)÷3=24÷3=8(개)
→ 한 밑면의 변의 수가 8개이므로 팔각기둥입니다.
⇨ (팔각기둥의 꼭짓점의 수)
=(한 밑면의 변의 수)×2=8×2=16(개)

**7** ❶ 옆면이 모두 삼각형이므로 각뿔입니다.
❷ (각뿔의 면의 수)=(밑면의 변의 수)+1이므로
(밑면의 변의 수)=(각뿔의 면의 수)−1
=9−1=8(개)
⇨ 밑면의 변의 수가 8개이므로 팔각뿔입니다.
❸ (팔각뿔의 꼭짓점의 수)=(밑면의 변의 수)+1
=8+1=9(개)

**8** 옆면이 모두 삼각형이므로 각뿔입니다.
(각뿔의 꼭짓점의 수)=(밑면의 변의 수)+1이므로
(밑면의 변의 수)
=(각뿔의 꼭짓점의 수)−1=10−1=9(개)
→ 밑면의 변의 수가 9개이므로 구각뿔입니다.
⇨ (구각뿔의 모서리의 수)=9×2=18(개)

**9** 옆면이 모두 삼각형이므로 각뿔입니다.
(각뿔의 옆면의 수)=(각뿔의 밑면의 변의 수)이므로
밑면의 변의 수가 7개인 칠각뿔입니다.
⇨ (칠각뿔의 면의 수)+(칠각뿔의 모서리의 수)
=(7+1)+(7×2)=8+14=22(개)

**10** ❷ ■×2+■×3=25에서 ■×5=25, ■=5이므로
한 밑면의 변의 수가 5개이고 오각기둥입니다.

---

참고

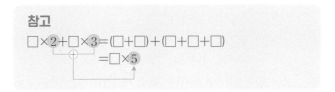

---

❸ (오각기둥의 면의 수)=(한 밑면의 변의 수)+2
　　　　　　　　　　=5+2=7(개)

**11** 각뿔의 밑면의 변의 수를 □라 할 때
(면의 수)=□+1, (꼭짓점의 수)=□+1이므로
(면의 수)+(꼭짓점의 수)=□+1+□+1=22에서
□×2+2=22, □×2=20, □=10이므로 십각뿔입니다. ⇨ (십각뿔의 모서리의 수)=10×2=20(개)

**12** 각뿔의 밑면의 변의 수를 □라 할 때
(면의 수)=□+1, (모서리의 수)=□×2이므로
(면의 수)+(모서리의 수)=□+1+□×2=25에서
□×3+1=25, □×3=24, □=8이므로 팔각뿔입니다. ⇨ (팔각뿔의 꼭짓점의 수)=8+1=9(개)

| | 유형 **02** | 모든 모서리의 길이의 합 | |
|---|---|---|---|
| **38쪽** | **1** ❶32 cm | ❷24 cm | |
| | ❸56 cm | 冒56 cm | |
| | **2** 76 cm | | **3** 60 cm |
| **39쪽** | **4** ❶38 cm | ❷27 cm | |
| | ❸65 cm | 冒65 cm | |
| | **5** 110 cm | | **6** 78 cm |
| **40쪽** | **7** ❶18개 | ❷11 cm | 冒11 cm |
| | **8** 6 cm | | **9** 19 |

**1** ❶ (두 밑면을 이루는 모서리의 길이의 합)
=(한 밑면의 둘레)×2
=(4+5+7)×2=16×2=32(cm)
　❷ 높이를 나타내는 모서리의 수는 밑면의 변의 수와 같으므로
(높이를 나타내는 모서리의 길이의 합)
=(높이)×(밑변의 변의 수)
=8×3=24(cm)
　❸ (모든 모서리의 길이의 합)
=32+24=56(cm)

**2** (한 밑면의 둘레)=(직사각형의 둘레)
　　　　　　　　　=(6+4)×2=10×2=20(cm)
(높이를 나타내는 모서리의 길이의 합)
=(높이)×(밑면의 변의 수)
=9×4=36(cm)
⇨ (모든 모서리의 길이의 합)
=(한 밑면의 둘레)×2
　+(높이를 나타내는 모서리의 길이의 합)
=20×2+36=40+36=76(cm)

**3** 밑면은 정사각형이고 한 변이 6 cm이므로
(밑면의 둘레)=6×4=24(cm)
옆면은 두 변이 9 cm인 이등변삼각형이고 모두 합동이므로 길이가 9 cm인 선분이 4개입니다.
⇨ (모든 모서리의 길이의 합)=24+9×4
　　　　　　　　　　　　　=24+36=60(cm)

**4** ❶
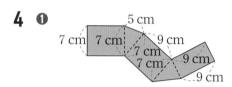
밑면이 삼각형이므로
(두 밑면을 이루는 모서리의 길이의 합)
=(삼각형의 둘레)×2
=(5+7+7)×2
=19×2=38(cm)
　❷ 높이는 두 밑면과 수직으로 만나는 선분이므로 두 밑면을 연결하는 선분을 찾으면 9 cm입니다. 따라서 높이를 나타내는 모서리의 길이의 합은
9×3=27(cm)입니다.
　❸ (모든 모서리의 길이의 합)
=38+27=65(cm)

**5** 전개도를 접으면 밑면의 한 변이 6 cm이고, 높이는 10 cm인 오각기둥이 됩니다.
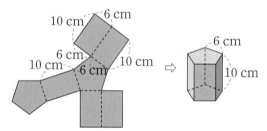
⇨ (오각기둥의 모든 모서리의 길이의 합)
=(한 밑면의 둘레)×2+(높이)×(밑면의 변의 수)
=(6×5)×2+10×5
=60+50=110(cm)

참고
각기둥의 밑면이 정다각형이면 옆면은 모두 합동인 직사각형입니다.

**6** ・옆면이 삼각형 6개이므로 밑면은 육각형이고, 옆면이 모두 합동이므로 각뿔의 밑면은 한 변이 5 cm인 정육각형입니다.
　→ (밑면의 둘레)=5×6=30(cm)
・옆면에서 길이가 8 cm인 선분은 6개입니다.
　→ 8×6=48(cm)
⇨ (모든 모서리의 길이의 합)=30+48=78(cm)

**7** **❶** (육각기둥의 모서리의 수)
＝(한 밑면의 변의 수)×3＝6×3＝18(개)
**❷** 모서리 18개의 길이의 합이 198 cm이므로
(한 모서리의 길이)
＝(모든 모서리의 길이의 합)÷(모서리의 수)
＝198÷18＝11(cm)

**8** 팔각기둥이므로 밑면은 팔각형입니다.
(팔각기둥의 모서리의 수)
＝(한 밑면의 변의 수)×3＝8×3＝24(개)
모서리 24개의 길이의 합이 144 cm이므로
(한 모서리의 길이)
＝(모든 모서리의 길이의 합)÷(모서리의 수)
＝144÷24＝6(cm)

**9** 삼각형 4개로 이루어진 각뿔에서 삼각형 1개는 밑면이
되고, 3개는 옆면이 됩니다. 따라서 이 각뿔은 삼각뿔입
니다.
(삼각뿔의 모서리의 수)＝3×2＝6(개)
모서리 6개의 길이의 합이 114 cm이므로
(한 모서리의 길이)
＝(모든 모서리의 길이의 합)÷(모서리의 수)
＝114÷6＝19(cm)

---

### 유형 **03** 각기둥의 전개도에서 밑면과 옆면의 관계

| 41쪽 | **1** | **❶** 28 cm | **❷** 11 cm | **답** 11 cm |
|---|---|---|---|---|
| | **2** | 12 cm | | **3** 10 cm |
| 42쪽 | **4** | **❶** 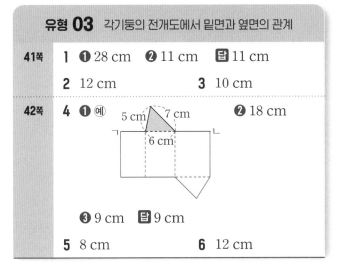 | | **❷** 18 cm |
| | | **❸** 9 cm | **답** 9 cm | |
| | **5** | 8 cm | | **6** 12 cm |

**1** **❶**

```
    8 cm
  ┌─────┐
  │ ㉮  │6 cm
ㄱ├─────┤          ㄹ
  │8 cm 6 cm 8 cm 6 cm│
ㄴ└─────┘          ㄷ
```

면 ㉮가 밑면일 때 직사각형 ㄱㄴㄷㄹ에서
선분 ㄱㄹ은 면 ㉮의 둘레와 같습니다.
➪ (선분 ㄱㄹ)＝8＋6＋8＋6＝28(cm)

---

**❷** 직사각형 ㄱㄴㄷㄹ의 넓이가 308 cm²이므로
(선분 ㄱㄴ)
＝(직사각형 ㄱㄴㄷㄹ의 넓이)÷(선분 ㄱㄹ)
＝308÷28＝11(cm)

**2** (선분 ㄱㄹ)＝(한 밑면의 둘레)
＝4＋7＋3＋5＝19(cm)
➪ (선분 ㄱㄴ)
＝(직사각형 ㄱㄴㄷㄹ의 넓이)÷(선분 ㄱㄹ)
＝228÷19＝12(cm)

**3** 밑면이 정육각형이므로
(선분 ㄱㄹ)＝(한 밑면의 둘레)＝7×6＝42(cm),
직사각형 ㄱㄴㄷㄹ의 둘레가 104 cm이므로
(선분 ㄱㄹ)＋(선분 ㄹㄷ)＝104÷2＝52(cm)입니다.
➪ (선분 ㄹㄷ)＝52－(선분 ㄱㄹ)＝52－42＝10(cm)

**4** **❷** (선분 ㄱㄴ)＝(한 밑면의 둘레)
＝5＋6＋7＝18(cm)
**❸** 삼각기둥의 높이는 전개도에서 옆면의 세로와 같으
므로
(선분 ㄱㄴ)×(높이)＝18×(높이)＝162입니다.
➪ (높이)＝162÷18＝9(cm)

**5**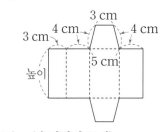

(옆면의 가로)＝(한 밑면의 둘레)
＝3＋4＋5＋4＝16(cm)
➪ (높이)＝(옆면의 세로)
＝(옆면의 넓이의 합)÷(옆면의 가로)
＝128÷16＝8(cm)

**6**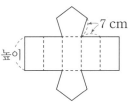

(옆면의 가로)＝(밑면의 둘레)
＝7×5＝35(cm)
➪ (높이)＝(옆면의 세로)
＝(옆면의 넓이의 합)÷(옆면의 가로)
＝420÷35＝12(cm)

**다른 풀이**
밑면이 정오각형이므로 옆면은 모두 합동인 직사각형 5개입니
다. 따라서 옆면 한 개의 넓이는 420÷5＝84(cm²)이고,
옆면 한 개의 가로는 7 cm이므로 옆면의 세로인 높이는
84÷7＝12(cm)입니다.

## 유형 **04** 각기둥의 면 위에 선이 지나간 자리

**43쪽**

**1** ❶
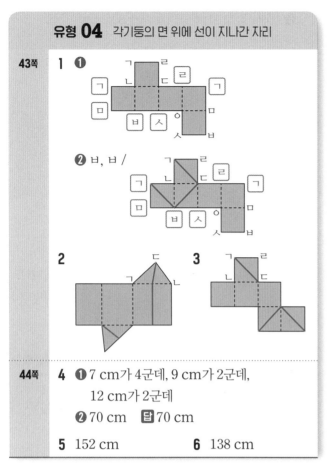

❷ ㅂ, ㅂ /

**2** **3**

**44쪽**

**4** ❶ 7 cm가 4군데, 9 cm가 2군데,
12 cm가 2군데
❷ 70 cm    달 70 cm

**5** 152 cm    **6** 138 cm

**1** ❶ 주어진 전개도 모양이 되도록 펼쳤을 때 각 꼭짓점
과 붙어 있던 점을 전개도에 표시합니다.

**[2~3]** 각 꼭짓점과 붙어 있던 점을 전개도에 표시하고, 각기
둥에 그은 선을 그립니다.

**2** **3**
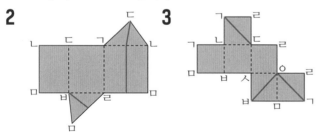

**4** ❶ 각 모서리와 평행한 끈을 찾아 표시한 다음 길이가
같은 끈이 몇 군데씩 있는지 세어 봅니다.
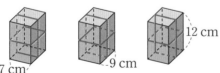

   ⇨ 7 cm가 4군데, 9 cm가 2군데, 12 cm가 2군데
입니다.
❷ 끈은 적어도 7 cm가 4군데, 9 cm가 2군데, 12 cm
가 2군데 필요하므로
(필요한 끈의 길이)=(7×4)+(9×2)+(12×2)
                =28+18+24=70(cm)

**5** 끈이 지나간 자리는 26 cm가 4군데, 12 cm가 4군데입
니다.
   ⇨ (필요한 끈의 길이)
     =(26×4)+(12×4)=104+48
     =152(cm)

**6** 끈이 지나간 자리는 24 cm가 2군데, 15 cm가 2군데,
10 cm가 4군데이고 매듭에 사용한 끈의 길이는 20 cm
입니다.
   ⇨ (필요한 끈의 길이)
     =(24×2)+(15×2)+(10×4)+20
     =48+30+40+20
     =138(cm)

## 유형 **05** 자른 입체도형의 구성 요소의 수

**45쪽**

**1** ❶ 10개    ❷ 12개    답 12개

**2** 15개    **3** 7개

**46쪽**

**4** ❶ 삼각기둥, 사각기둥
❷ 삼각, 6개 / 사각, 8개    ❸ 14개    답 14개

**5** 12개    **6** 6개

**1** ❶ (오각기둥의 꼭짓점의 수)
     =(한 밑면의 변의 수)×2=5×2=10(개)
❷ 잘라낸 입체도형의 꼭짓점의 수는 처음 오각기둥의
꼭짓점의 수보다 2개 더 많아지므로
10+2=12(개)입니다.

**2** 삼각뿔 모양만큼 잘라 내면 모서리가 3개 늘어납니다.
   ⇨ (잘라낸 입체도형의 모서리의 수)
     =(사각기둥의 모서리의 수)+3
     =(4×3)+3=12+3=15(개)

**3** 삼각뿔 모양만큼 잘라 내면 면이 1개 늘어납니다. 따라서
두 꼭짓점을 잘라 내면 면이 2개 늘어납니다.
   ⇨ (잘라낸 입체도형의 면의 수)
     =(사각뿔의 면의 수)+2
     =(4+1)+2=7(개)

**4** ❶ 밑면이 삼각형과 사각형으로 나누어지므로 새로 만
든 각기둥은 삼각기둥과 사각기둥입니다.
❷ 삼각기둥의 꼭짓점의 수 : 3×2=6(개)
사각기둥의 꼭짓점의 수 : 4×2=8(개)
❸ (삼각기둥의 꼭짓점의 수)+(사각기둥의 꼭짓점의 수)
     =6+8=14(개)

**5** 육각기둥을 색칠한 면을 따라 자르면 사각기둥 2개가 만들어집니다.
⇨ (새로 만든 두 각기둥의 면의 수의 합)
＝(사각기둥의 면의 수)×2
＝(4＋2)×2＝6×2＝12(개)

**6** 사각기둥을 색칠한 면을 따라 자르면 삼각기둥과 오각기둥이 만들어집니다.
⇨ (두 각기둥의 모서리의 수의 차)
＝(오각기둥의 모서리의 수)－(삼각기둥의 모서리의 수)
＝(5×3)－(3×3)＝15－9＝6(개)

## 단원 2 유형 마스터

| 47쪽 | **01** 22개 | **02** 9개 | **03** 7 cm |
|---|---|---|---|
| 48쪽 | **04** 176 cm | **05** 5 cm | **06** 7 cm |
| 49쪽 | **07** | | |
| | **08** 474 cm | **09** 4개 | |

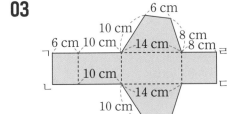

**01** 밑면의 모양이 칠각형이므로 칠각뿔입니다.
(칠각뿔의 꼭짓점의 수)
＝(밑면의 변의 수)＋1＝7＋1＝8(개)
(칠각뿔의 모서리의 수)
＝(밑면의 변의 수)×2＝7×2＝14(개)
⇨ (칠각뿔의 꼭짓점 수와 모서리 수의 합)
＝8＋14＝22(개)

**02** 한 밑면의 변의 수를 □라 할 때 각기둥의 면, 모서리, 꼭짓점의 수는 다음과 같습니다.
(면의 수)＝□＋2, (모서리의 수)＝□×3,
(꼭짓점의 수)＝□×2
⇨ □＋2＋□×3＋□×2＝56,
□×6＋2＝56, □×6＝54, □＝9

**03**

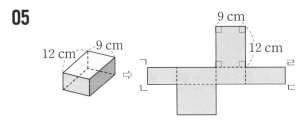

선분 ㄱㄹ은 한 밑면의 둘레와 같습니다.
(선분 ㄱㄹ)＝6＋10＋14＋8＝38(cm)
(선분 ㄹㄷ)＝(직사각형 ㄱㄴㄷㄹ의 넓이)÷(선분 ㄱㄹ)
＝266÷38＝7(cm)

**04** 옆면이 8개이므로 밑면은 한 변이 8 cm인 정팔각형입니다.
⇨ (팔각뿔의 모든 모서리의 길이의 합)
＝(8 cm인 모서리 8개)＋(14 cm인 모서리 8개)
＝8×8＋14×8＝64＋112＝176(cm)

**05**

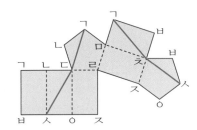

(옆면의 가로)＝(선분 ㄱㄹ)＝(한 밑면의 둘레)
＝9＋12＋9＋12＝42(cm)
(옆면의 세로)＝(선분 ㄱㄴ)＝(높이)이므로
(높이)＝210÷42＝5(cm)

**06** 밑면의 한 변의 길이를 □cm라 하면
(□×10)×2＋10×10＝240입니다.
⇨ (□×10)×2＋10×10＝240,
□×20＋100＝240, □×20＝140, □＝7

**07** 각 꼭짓점과 붙어 있던 점을 전개도에 표시하고, 각기둥에 그은 선을 그립니다.

**08** 테이프가 지나간 자리는 60 cm가 4군데, 25 cm가 6군데, 14 cm가 6군데입니다.
(사용한 테이프의 길이)
＝(60×4)＋(25×6)＋(14×6)
＝240＋150＋84＝474(cm)
⇨ 사용한 테이프의 길이는 적어도 474 cm입니다.

**09** 오각뿔을 밑면과 평행하게 자르면 위쪽은 오각뿔, 아래쪽은 오각뿔대가 됩니다.

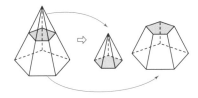

(오각뿔의 꼭짓점의 수)＝5＋1＝6(개)
(오각뿔대의 꼭짓점의 수)＝5×2＝10(개)
⇨ 두 입체도형의 꼭짓점의 수의 차는
10－6＝4(개)입니다.

**참고**
**각뿔대**: 각뿔을 밑면에 평행한 평면으로 잘랐을 때 생기는 입체도형 중 각뿔이 아닌 도형

# 3 소수의 나눗셈

**1** ❶ $17.6÷4$의 몫을 자연수 부분까지만 구하면 $4.\cdots$이고, $44.58÷6$의 몫을 자연수 부분까지만 구하면 $7.\cdots$입니다.

❷ $4.\cdots<■<7.\cdots$이므로
■ 안에 들어갈 수 있는 자연수는 5, 6, 7로 모두 3개입니다.

**2** $\underset{25÷6=4.\cdots}{\underline{25.44÷6}},\quad \underset{88÷9=9.\cdots}{\underline{88.47÷9}}$

⇨ $4.\cdots<□<9.\cdots$에서 □=5, 6, 7, 8, 9가 될 수 있으므로 □ 안에 들어갈 수 있는 수는 모두 5개입니다.

**3** $\underset{19÷5=3.\cdots}{\underline{19.5÷5}},\quad 52÷8=6.\cdots$

⇨ $3.\cdots<□<6.\cdots$에서 □ 안에 들어갈 수 있는 자연수는 4, 5, 6이므로 $4+5+6=15$입니다.

**4** ❶ $26.2÷4=6.55$이므로
$26.2÷4<6.■4$ ⇨ $6.55<6.■4$입니다.

❷ $6.55<6.■4$에서 ■에 5를 넣으면 $6.55>6.\boxed{5}4$가 되어 조건에 맞지 않으므로 ■는 5보다 커야 합니다. 따라서 ■ 안에 들어갈 수 있는 수는 6, 7, 8, 9로 모두 4개입니다.

**5** $58.8÷8=7.35$이므로 $7.3\boxed{□}<7.35$입니다.
□와 5를 비교하면 $□<5$가 되어야 합니다. 따라서 □ 안에 들어갈 수 있는 수는 1, 2, 3, 4로 모두 4개입니다.

**6** $22.14÷9=2.46$, $19.11÷7=2.73$이므로
$2.46<2.□8<2.73$입니다.
$2.46<2.□8$에서 □는 4이거나 4보다 커야 하고,
$2.□8<2.73$에서 □는 7보다 작아야 합니다.
따라서 □ 안에 들어갈 수 있는 수는 4, 5, 6입니다.

**1** ❶ (전체 간장의 양)
= (한 통에 들어 있는 간장의 양) × (통수)
= $0.98×3=2.94(L)$

❷ (하루에 사용하는 간장의 양)
= (전체 간장의 양) ÷ (사용하는 날수)
= $2.94÷7=0.42(L)$

**2** (일 년 동안 소비하는 쌀의 양) = $15×6=90(kg)$
일 년은 12달이므로 한 달에 소비하는 쌀은
$90÷12=7.5(kg)$입니다.

**3** (2주 동안 쓰는 밀가루의 양) = $2.8×3=8.4(kg)$
2주는 $7×2=14(일)$이므로
(하루에 쓰는 양) = $8.4÷14=0.6(kg)$

**4** ❶ 가로수 13그루를 심을 때 간격은
$13-1=12(군데)$입니다.

❷ (가로수 사이의 간격) = (길의 길이) ÷ (간격 수)
= $82.8÷12=6.9(m)$

**5** (간격 수) = (나무 수) - 1
= $26-1=25(군데)$
⇨ (나무 사이의 간격) = $63.5÷25=2.54(m)$

**6** (산책로 한쪽에 설치하는 장식등 수)
= $20÷2=10(개)$
(산책로 한쪽에 설치하는 장식등 사이의 간격 수)
= $10-1=9(군데)$
⇨ (장식등 사이의 간격) = $78.3÷9=8.7(m)$

**7** ❶ (한 시간 동안 탄 길이)
= $15-11.4=3.6(cm)$

❷ 한 시간은 60분이므로
(1분 동안 타는 길이)
= (한 시간 동안 탄 길이) ÷ 60
= $3.6÷60=0.06(cm)$

❸ (9분 동안 탄 길이) = (1분 동안 타는 길이) × 9
= $0.06×9=0.54(cm)$

**8** (1시간 30분 동안 탄 길이)$=24-16.8$
$\qquad\qquad\qquad\qquad\quad=7.2$(cm)
1시간 30분$=90$분이므로
(1분 동안 타는 길이)$=7.2\div90$
$\qquad\qquad\qquad\qquad=0.08$(cm)
$\Rightarrow$ (13분 동안 탄 길이)$=0.08\times13$
$\qquad\qquad\qquad\qquad\quad=1.04$(cm)

**9** (1분 동안 타는 길이)$=1.2\div5=0.24$(cm)
(17분 동안 탄 길이)$=0.24\times17=4.08$(cm)
$\Rightarrow$ (17분 후 타고 남은 길이)$=20-4.08=15.92$(cm)

---

### 유형 **03** 도형에서 길이 구하기

| 57쪽 | **1** ❶ 6.03 cm | ❷ 48.24 cm | 답 48.24 cm |
|---|---|---|---|
| | **2** 64.2 cm | | **3** 12 cm |
| 58쪽 | **4** ❶ 29.28 cm | ❷ 7.32 cm | 답 7.32 cm |
| | **5** 4.8 cm | | **6** 4.4 cm |
| 59쪽 | **7** ❶ 95.4 cm² | ❷ 12 cm | ❸ 7.95 cm |
| | 답 7.95 cm | | |
| | **8** 16.8 cm | | **9** 22.25 m |

**1** ❶ 큰 정사각형의 둘레는 작은 정사각형의 한 변의 길이의 12배입니다.
$\quad\Rightarrow$ (작은 정사각형의 한 변의 길이)
$\qquad\quad=72.36\div12=6.03$(cm)
❷ 빨간색 직사각형의 둘레는 작은 정사각형의 한 변의 길이의 8배입니다.
$\quad\Rightarrow$ (빨간색 직사각형의 둘레)
$\qquad\quad=6.03\times8=48.24$(cm)

**2** 큰 정사각형의 둘레는 작은 정사각형의 한 변의 길이의 16배이므로
(작은 정사각형의 한 변의 길이)
$=85.6\div16=5.35$(cm)
빨간색 직사각형의 둘레는 작은 정사각형의 한 변의 길이의 12배이므로
(빨간색 직사각형의 둘레)
$=5.35\times12=64.2$(cm)

**3** 빨간색 직사각형의 둘레는 모눈의 한 변이 모두 14개이므로 모눈 14칸의 길이가 16.8 cm입니다.
$\quad\Rightarrow$ (모눈의 한 변의 길이)$=16.8\div14=1.2$(cm)
노란색 직사각형의 둘레는 모눈의 한 변이 모두 10개입니다.
$\quad\Rightarrow$ (노란색 직사각형의 둘레)$=1.2\times10=12$(cm)

**4** ❶ (평행사변형 가의 둘레)
$\quad=(6+8.64)\times2=14.64\times2$
$\qquad\qquad\qquad\qquad\quad=29.28$(cm)
❷ 정사각형의 둘레는 평행사변형의 둘레와 같으므로
$\quad$ (정사각형 나의 한 변의 길이)
$\qquad=29.28\div4=7.32$(cm)

**5** (정사각형 가의 둘레)$=3.6\times4=14.4$(cm)
$\Rightarrow$ (정삼각형 나의 한 변의 길이)$=14.4\div3=4.8$(cm)

**6** (마름모 나의 둘레)$=4.8\times4=19.2$(cm)
직사각형 가의 둘레도 19.2 cm이므로
(가로)$+$(세로)$=19.2\div2=9.6$(cm)
$\Rightarrow$ 가로가 5.2 cm이므로
$\quad$ (세로)$=9.6-5.2=4.4$(cm)

**7** ❶ (처음 직사각형의 넓이)$=9\times10.6=95.4$(cm²)
❷ (새로 그리는 직사각형의 세로)
$\qquad=10.6+1.4=12$(cm)
❸ 새로 그리는 직사각형의 넓이는 처음 직사각형의 넓이와 같습니다.
$\qquad\Rightarrow$ (새로 그리는 직사각형의 가로)
$\qquad\qquad=95.4\div12=7.95$(cm)

**8** (처음 직사각형의 넓이)$=30\times14=420$(cm²)
(새로 만든 직사각형의 가로)$=30-5=25$(cm)
새로 만든 직사각형의 넓이는 처음 직사각형의 넓이와 같습니다.
$\quad\Rightarrow$ (새로 만든 직사각형의 세로)
$\qquad=420\div25=16.8$(cm)

**9** (처음 밭의 넓이)$=20.5\times32.4$
$\qquad\qquad\qquad\quad=664.2$(m²)
(새로 만드는 밭의 넓이)$=664.2+3.3$
$\qquad\qquad\qquad\qquad\quad=667.5$(m²)
(새로 만드는 밭의 가로)$=20.5+9.5$
$\qquad\qquad\qquad\qquad\quad=30$(m)
$\Rightarrow$ (새로 만드는 밭의 세로)
$\qquad=667.5\div30=22.25$(m)

---

### 유형 **04** 수 카드로 소수의 나눗셈식 만들기

| 60쪽 | **1** ❶ 6 5 . 3 ÷ 2 | ❷ 32.65 | 답 32.65 |
|---|---|---|---|
| | **2** 2.55 | | **3** 2.465 |
| 61쪽 | **4** ❶ 4 5 . 6 ÷ 8 | ❷ 5.7 | 답 5.7 |
| | **5** 0.05 | | **6** 4.675 |

**1** ❶ 몫이 가장 커야 하므로 나누는 수에 가장 작은 수 2
를 넣고, 나누어지는 수는 남은 수 카드로 가장 큰 소
수 한 자리 수를 만듭니다.
⇨ ⑥⑤．③÷② 

❷ $65.3 \div 2 = 32.65$

**2** 나누는 수에 가장 작은 수 3을 넣고, 남은 세 수로 가장
큰 소수 두 자리 수를 만듭니다.
⇨ $7.65 \div 3 = 2.55$

**3** 나누는 수에 가장 작은 수 4를 넣고, 남은 네 수 중 세 수
를 이용하여 가장 큰 소수 두 자리 수를 만듭니다.
⇨ $9.86 \div 4 = 2.465$

**4** ❶ 몫이 가장 작아야 하므로 나누는 수에 가장 큰 수 8
을 넣고, 나누어지는 수는 남은 수 카드로 가장 작은
소수 한 자리 수를 만듭니다.
⇨ ④⑤．⑥÷⑧ 

❷ $45.6 \div 8 = 5.7$

**5** 나누는 수에 가장 큰 수 9를 넣고, 남은 세 수로 가장 작
은 소수 두 자리 수를 만듭니다.
소수는 자연수 부분이 한 자리 수일 때 맨 앞 자리에 0이
올 수 있으므로 만들 수 있는 가장 작은 소수 두 자리 수
는 0.45입니다. ⇨ $0.45 \div 9 = 0.05$

**6** 몫이 가장 클 때 : $8.76 \div 2 = 4.38$
몫이 가장 작을 때 : $2.36 \div 8 = 0.295$
⇨ $4.38 + 0.295 = 4.675$

---

### 유형 **05** 빠르기가 다를 때 거리 구하기

| 62쪽 | **1** ❶ 50 km | ❷ 12.5 km | 답 12.5 km |
| | **2** 23.8 km | | **3** 10.44분 |
| 63쪽 | **4** ❶ 120.7 m, 112.6 m | ❷ 8.1 m | |
| | ❸ 121.5 m | 답 121.5 m | |
| | **5** 기차, 39.6 km | | **6** 43.8 km |

**1** ❶ 40분 $= \dfrac{40}{60}$ 시간 $= \dfrac{2}{3}$ 시간이므로

(40분 동안 간 거리) $= \left( \dfrac{2}{3} \right.$ 시간 동안 간 거리$)$

$= \overset{25}{75} \times \dfrac{2}{\underset{1}{3}} = 50(km)$

❷ 자동차로 40분 동안 간 거리를 자전거로 가면 4시간
이 걸리므로
(자전거로 한 시간 동안 가는 거리)
$= 50 \div 4 = 12.5(km)$

---

**다른 풀이**
1시간 = 60분이므로
(자동차가 1분 동안 간 거리) $= 75 \div 60 = 1.25(km)$
(자동차가 40분 동안 간 거리) $= 1.25 \times 40 = 50(km)$
50 km를 자전거로 가면 4시간이 걸리므로
(자전거로 한 시간 동안 가는 거리) $= 50 \div 4 = 12.5(km)$

**2** 1시간 45분 $= 1\dfrac{45}{60}$ 시간 $= 1\dfrac{3}{4}$ 시간

(자동차가 1시간 45분 동안 간 거리)

$= 68 \times 1\dfrac{3}{4} = \overset{17}{68} \times \dfrac{7}{\underset{1}{4}} = 119(km)$

⇨ (오토바이로 한 시간 동안 가는 거리)
$= 119 \div 5 = 23.8(km)$

**3** 8분 42초 $= 8\dfrac{42}{60}$ 분 $= 8\dfrac{7}{10}$ 분 $= 8.7$ 분
(학교에서 공원까지의 거리) $= 48 \times 8.7$
$= 417.6(m)$
⇨ (아라가 학교에서 공원까지 가는 데 걸리는 시간)
$= 417.6 \div$ (아라가 1분 동안 걷는 거리)
$= 417.6 \div 40 = 10.44($분$)$

**4** ❶ 예서 : $724.2 \div 6 = 120.7(m)$
동하 : $450.4 \div 4 = 112.6(m)$

❷ $120.7 - 112.6 = 8.1(m)$

❸ $8.1 \times 15 = 121.5(m)$

**5** (자동차가 1분 동안 가는 거리) $= 31 \div 20$
$= 1.55(km)$
(기차가 1분 동안 가는 거리) $= 17.01 \div 7$
$= 2.43(km)$
1분 후 기차가
$2.43 - 1.55 = 0.88(km)$ 더 멀리 갑니다.
따라서 45분 후에는 기차가
$0.88 \times 45 = 39.6(km)$ 더 멀리 갑니다.

**6** (호영이가 1분 동안 가는 거리)
$= 16.2 \div 36 = 0.45(km)$
(민철이가 1분 동안 가는 거리)
$= 7 \div 25 = 0.28(km)$
반대 방향으로 이동하므로
1분 후 두 사람 사이의 거리는
$0.45 + 0.28 = 0.73(km)$가 됩니다.
따라서 1시간 후 두 사람 사이의 거리는
$0.73 \times 60 = 43.8(km)$입니다.

## 유형 06 실생활에서 소수의 나눗셈의 활용

| 64쪽 | 1 | ❶ 1.76 kg ❷ 0.22 kg ❸ 4.18 kg 目 4.18 kg |
| | 2 | 2.45 kg 3 0.4 kg |
| 65쪽 | 4 | ❶ 3825 m ❷ 4.5분 目 4.5분 |
| | 5 | 1.5분 6 0.76분 |
| 66쪽 | 7 | ❶ 11.25 L ❷ 19125원 目 19125원 |
| | 8 | 28380원 9 40320원 |
| 67쪽 | 10 | ❶ 1.4분 ❷ 11.2분 ❸ 오전 8시 48분 48초 目 8시 48분 48초 |
| | 11 | 9시 44분 15초 12 5시 20분 42초 |

**1** ❶ (공 8개의 무게)
　＝(공 25개가 든 상자의 무게)
　　－(공 8개를 꺼낸 후 상자의 무게)
　＝8.6－6.84＝1.76(kg)
❷ 공 8개의 무게가 1.76 kg이므로
　(공 1개의 무게)＝1.76÷8＝0.22(kg)
❸ (공 19개의 무게)＝0.22×19＝4.18(kg)

**2** (사과 9개의 무게)＝13.5－10.35＝3.15(kg)
　(사과 1개의 무게)＝3.15÷9＝0.35(kg)
　⇨ (사과 7개의 무게)＝0.35×7＝2.45(kg)

**3** (블록 12개의 무게)＝6.4－4.6＝1.8(kg)
　(블록 1개의 무게)＝1.8÷12＝0.15(kg)
　(블록 40개의 무게)＝0.15×40＝6(kg)
　⇨ (빈 상자의 무게)
　　＝(블록 40개가 든 상자의 무게)
　　　－(블록 40개의 무게)
　　＝6.4－6＝0.4(kg)

**4** ❶ (기차가 터널을 완전히 통과할 때까지 달리는 거리)
　　＝(터널 길이)＋(기차 길이)
　　＝3600＋225＝3825(m)
❷ 기차는 1분에 850 m를 달리므로
　(기차가 터널을 완전히 통과할 때까지 걸리는 시간)
　＝3825÷850＝4.5(분)

**5** (기차가 터널을 완전히 통과할 때까지 달리는 거리)
　＝(터널 길이)＋(기차 길이)
　＝4.2＋0.3＝4.5(km)　└ 300 m＝0.3 km
기차는 1분에 3 km를 달리므로
(기차가 터널을 완전히 통과할 때까지 달리는 시간)
＝4.5÷3＝1.5(분)

참고
문제에서 1분 동안 달리는 빠르기가 3 km로 주어졌으므로 기차가 달리는 거리를 구할 때 기차의 길이를 km 단위로 통일하여 구해도 됩니다.

**6** (기차가 1분 동안 달리는 거리)＝240÷60
　　　　　　　　　　　　　　　＝4(km)
(기차가 터널을 완전히 통과할 때까지 달리는 거리)
＝(터널 길이)＋(기차 길이)
＝2.8＋0.24＝3.04(km)
기차는 1분에 4 km를 달리므로
(기차가 터널을 완전히 통과할 때까지 달리는 시간)
＝3.04÷4＝0.76(분)

**7** ❶ 1 L로 16 km를 갈 수 있으므로 180 km를 가는 데 필요한 휘발유 양은
　180÷16＝11.25(L)입니다.
❷ 휘발유 1 L의 값이 1700원이고, 180 km를 가는 데 11.25 L가 필요하므로 휘발유 값은
　1700×11.25＝19125(원)입니다.

**8** (240.8 km를 가는 데 필요한 휘발유 양)
＝240.8÷14＝17.2(L)
(240.8 km를 가는 데 필요한 휘발유 값)
＝1650×17.2＝28380(원)

**9** (휘발유 1 L로 갈 수 있는 거리)
＝102÷6＝17(km)
(380.8 km를 가는 데 필요한 휘발유 양)
＝380.8÷17＝22.4(L)
(380.8 km를 가는 데 필요한 휘발유 값)
＝1800×22.4＝40320(원)

**10** ❶ 7÷5＝1.4(분)
❷ 1.4×8＝11.2(분)
❸ 11.2분＝11분＋0.2분＝11분＋(0.2×60)초
　　　　＝11분 12초
　(8일 뒤 시계가 가리키는 시각)
　＝(정확한 시각)－(8일 동안 느려지는 시간)
　＝오전 9시－11분 12초
　＝오전 8시 48분 48초

**11** (하루 동안 느려지는 시간)＝18÷8＝2.25(분)이므로 일주일 뒤에는 2.25×7＝15.75(분) 느려집니다.
15.75분＝15분＋(0.75×60)초＝15분 45초이므로 일주일 뒤에는 시계가 오전 10시에서 15분 45초 느려진 시각을 가리킵니다.
⇨ 오전 10시－15분 45초＝오전 9시 44분 15초

**12** $9$분 $12$초$=9$분$+\dfrac{\overset{2}{12}}{\underset{10}{60}}$분$=9$분$+0.2$분$=9.2$분

4일 동안 $9.2$분 빨라지므로

(하루 동안 빨라지는 시간)$=9.2\div4=2.3$(분)이고,

9일 동안 빨라지는 시간은 $2.3\times9=20.7$(분)입니다.

$20.7$분$=20$분$+(0.7\times60)$초$=20$분 $42$초이므로 9일 뒤에는 시계가 오후 5시에서 20분 42초 빨라진 시각을 가리킵니다.

➪ 오후 5시$+20$분 42초$=$오후 5시 20분 42초

---

### 유형 **07** 방정식의 활용

| 68쪽 | **1** ❶ $4.6$ ❷ $1.15$ 답 $1.15$ | | |
|------|------|------|------|
| | **2** $23.4$ | | **3** $5.04$ |
| 69쪽 | **4** ❶ $10$배 ❷ $10, 62.37$ ❸ $6.93$ 답 $6.93$ | | |
| | **5** $3.47$ | | **6** $4.05$ |

**1** ❶ 어떤 수를 □라 하고 잘못 계산한 값을 이용하여 식을 세웁니다.
　　➪ $\square\times4=18.4$, $\square=18.4\div4=4.6$
　❷ 어떤 수는 $4.6$이므로 바르게 계산하면
　　$4.6\div4=1.15$입니다.

**2** 어떤 수를 □라 하고 잘못 계산한 식을 세우면
　$\square\div9=15.6$이고, $\square=15.6\times9=140.4$입니다.
　➪ 바르게 계산하면 $140.4\div6=23.4$입니다.

**3** 어떤 수를 □라 하고 잘못 계산한 식을 세우면
　$25.2+\square=30.2$이고, $\square=30.2-25.2=5$입니다.
　➪ 바르게 계산하면 $25.2\div5=5.04$입니다.

**4** ❶ 몫의 소수점을 오른쪽으로 한 칸 옮겨 적었으므로 잘못 쓴 몫은 바르게 계산한 몫의 10배입니다.
　❷ 잘못 쓴 몫은 바르게 계산한 몫의 10배이므로 ■$\times10$입니다.
　　➪ (잘못 쓴 몫)$-$(바르게 계산한 몫)
　　　$=$■$\times10-$■$=62.37$
　❸ ■$\times10-$■$=62.37$에서
　　■$\times9=62.37$, ■$=62.37\div9=6.93$

**5** 바르게 계산한 몫을 □라 하면 소수점을 잘못 찍은 몫은 □$\times10$입니다.
　➪ $\square\times10-\square=31.23$,
　　$\square\times9=31.23$, $\square=31.23\div9=3.47$

---

**6** 바르게 계산한 몫을 □라 하면 소수점을 잘못 찍은 몫은 □$\times10$입니다.
　➪ $\square\times10+\square=44.55$,
　　$\square\times11=44.55$, $\square=44.55\div11=4.05$

### 단원 **3** 유형 마스터

| 70쪽 | **01** $9$ | **02** $1.65$ L | **03** $2.1$배 |
|------|------|------|------|
| 71쪽 | **04** $9.12$ cm | **05** $14.88$ cm | **06** $27.84$ kg |
| 72쪽 | **07** $2.31$ | **08** $10.4$ cm | **09** $2.04$ |
| 73쪽 | **10** $73.6$ km | **11** $10$시 $53$분 $12$초 | |
| | **12** $10.2$ cm | | |

**01** $44\div8=5.\cdots$, $\underset{\underset{55\div6=9.\cdots}{\smile}}{55.92\div6=9.\cdots}$

　→ $5.\cdots<\square<9.\cdots$

　➪ □ 안에 들어갈 수 있는 자연수는 6, 7, 8, 9이므로 이 중에서 가장 큰 수는 9입니다.

**02** 벽의 넓이는 $4\times4=16(\text{m}^2)$이고, $16$ m²를 칠하는 데 페인트 $26.4$ L를 사용했으므로 $1$ m²를 칠하는 데 사용한 페인트는 $26.4\div16=1.65(\text{L})$입니다.

**03** (두부 $100$ g에 들어 있는 단백질 양)
　$=$(두부 $200$ g에 들어 있는 단백질 양)$\div2$
　$=16.8\div2=8.4(\text{g})$
　(두유 $300$ g에 들어 있는 단백질 양)
　$=$(두유 $150$ g에 들어 있는 단백질 양)$\times2$
　$=6\times2=12(\text{g})$이므로
　(두유 $100$ g에 들어 있는 단백질 양)$=12\div3=4(\text{g})$
　➪ 두부와 두유가 각각 $100$ g일 때
　　(두부 단백질 양)$\div$(두유 단백질 양)
　　$=8.4\div4=2.1$(배)

**04** (1분 동안 타는 길이)$=4\div25=0.16(\text{cm})$
　(18분 동안 탄 길이)$=0.16\times18=2.88(\text{cm})$
　➪ (18분 후 타고 남은 길이)
　　$=12-2.88=9.12(\text{cm})$

**05** 큰 정사각형의 둘레는 작은 정사각형의 한 변의 길이의 16배입니다.
　(작은 정사각형의 한 변의 길이)
　$=19.84\div16=1.24(\text{cm})$
　빨간색 선으로 그린 도형의 둘레는 작은 정사각형의 한 변의 길이의 12배입니다.
　➪ (빨간색 선으로 그린 도형의 둘레)
　　$=1.24\times12=14.88(\text{cm})$

**06** (책 6권의 무게)=36.5-26.06=10.44(kg)
(책 1권의 무게)=10.44÷6=1.74(kg)
⇨ (책 16권의 무게)=1.74×16=27.84(kg)

**07** ㉮★㉯=(㉮-㉯)÷㉯이므로
26.48★8=(26.48-8)÷8
=18.48÷8=2.31

**08** (처음 직사각형의 넓이)=13.5×6.8=91.8(cm²)
(다시 그리는 직사각형의 넓이)
=91.8+1.8=93.6(cm²)
(다시 그리는 직사각형의 세로)
=6.8+2.2=9(cm)
(다시 그리는 직사각형의 가로)
=93.6÷9=10.4(cm)

**09** 몫이 가장 작으려면 나누는 수에 가장 큰 수 5를 넣습니
다. 남은 수로 가장 작은 소수 한 자리 수를 만들면 10.2
가 됩니다.
⇨ 10.2÷5=2.04

**10** 1시간 15분=$1\frac{15}{60}$시간=$1\frac{1}{4}$시간
(기차역에서 이모 댁까지의 거리)
=(기차로 $1\frac{1}{4}$시간 동안 달린 거리)+(남은 거리)
=$168×1\frac{1}{4}+10.8=\overset{42}{168}×\frac{5}{\underset{1}{4}}+10.8$
=210+10.8=220.8(km)
⇨ (자동차가 한 시간 동안 가는 거리)
=(기차역에서 이모 댁까지의 거리)÷(걸린 시간)
=220.8÷3=73.6(km)

**11** 일주일 동안 23.8분 늦어지므로 하루 동안 늦어지는 시
간은 23.8÷7=3.4(분)입니다.
수요일은 월요일에서 이틀 뒤이므로 이틀 동안 늦어지
는 시간은 3.4×2=6.8(분)입니다.
6.8분=6분+0.8분=6분+(0.8×60초)=6분 48초
이므로 수요일에 이 시계가 가리키는 시각은
오전 11시-6분 48초=오전 10시 53분 12초입니다.

**12** (직사각형 ㄱㅁㄷㄹ의 넓이)=16×12=192(cm²)
(삼각형 ㄱㄴㅁ의 넓이)
=(사다리꼴 ㄱㄴㄷㄹ의 넓이)
-(직사각형 ㄱㅁㄷㄹ의 넓이)
=253.2-192=61.2(cm²)
선분 ㄴㅁ을 삼각형 ㄱㄴㅁ의 밑변이라 할 때 높이가
12 cm이므로
(선분 ㄴㅁ)=61.2×2÷12
=122.4÷12=10.2(cm)

# 4 비와 비율

## 유형 01 비와 비율

| 76쪽 | **1** ❶ 30개 ❷ 18 : 30 🇪 18 : 30 |
| | **2** 24 : 40 **3** 27 : 25 |
| 77쪽 | **4** ❶ 600 g ❷ 300 : 600 ❸ 0.5 🇪 0.5 |
| | **5** $\frac{1}{3}$ **6** 1.3 |

**1** ❶ (전체 과일 수)=(사과 수)+(배 수)
=18+12=30(개)
❷ 전체 과일 수가 기준량, 사과 수가 비교하는 양이므
로 (사과 수) : (전체 과일 수)는 18 : 30입니다.

**2** 나누어 준 쿠키 수의 구운 전체 쿠키 수에 대한 비
└비교하는 양 └기준량
(나누어 준 쿠키 수)=40-16=24(개)이므로
(나누어 준 쿠키 수) : (구운 전체 쿠키 수)는
24 : 40입니다.

**3** 귤 수와 한라봉 수의 비
└비교하는 양 └기준량
(한라봉 수)=52-27=25(개)이므로
(귤 수) : (한라봉 수)는 27 : 25입니다.

**4** ❶ (사과당근 주스 양)=(사과 양)+(당근 양)+(물 양)
=300+100+200
=600(g)
❷ 사과 양이 비교하는 양, 사과당근 주스 양이 기준량
이므로 비로 나타내면 300 : 600입니다.
❸ 300 : 600이므로 비율은
300÷600=0.5입니다.

**5** (전체 잡곡량)=(백미 양)+(현미 양)+(흑미 양)
=250+150+50=450(g)
전체 잡곡량에 대한 현미 양의 비는
(현미 양) : (전체 잡곡량)이므로 150 : 450입니다.
⇨ (비율)=$\frac{150}{450}=\frac{1}{3}$

**6** (바나나맛 우유 수)+(딸기맛 우유 수)
=15+11=26(개)
바나나맛 우유와 딸기맛 우유를 합한 수와 흰 우유 수의
비는
(바나나맛 우유와 딸기맛 우유를 합한 수) : (흰 우유 수)
이므로 26 : 20입니다.
⇨ (비율)=26÷20=1.3

## 유형 02 여러 가지 비율 구하기

| 78쪽 | 1 ❶ $\dfrac{164}{200}$ ❷ $\dfrac{249}{300}$ ❸ 나 영화 답 나 영화 |
| | 2 6학년     3 동화책 |
| 79쪽 | 4 ❶ $\dfrac{3}{7}$ ❷ $\dfrac{10}{21}$ ❸ 사자 팀 답 사자 팀 |
| | 5 ㉮ 선수     6 ⒝ 선수 |
| 80쪽 | 7 ❶ $\dfrac{6}{5}$ ❷ $\dfrac{5}{4}$ ❸ ㉯ 승용차 답 ㉯ 승용차 |
| | 8 ㉮ 고속 버스     9 여정 |
| 81쪽 | 10 ❶ $\dfrac{1}{10}$ ❷ $\dfrac{3}{20}$ ❸ 샌들 답 샌들 |
| | 11 두부     12 연필 |

**1** ❶ (가 영화의 비율)$=\dfrac{(가 \; 영화의 \; 관객 \; 수)}{(가 \; 영화의 \; 관람석 \; 수)}=\dfrac{164}{200}$

❷ (나 영화의 비율)$=\dfrac{(나 \; 영화의 \; 관객 \; 수)}{(나 \; 영화의 \; 관람석 \; 수)}=\dfrac{249}{300}$

❸ $\dfrac{164}{200}=\dfrac{82}{100}, \; \dfrac{249}{300}=\dfrac{83}{100}$

➡ $\dfrac{82}{100}<\dfrac{83}{100}$이므로
나 영화의 비율이 더 높습니다.

**2** 참가한 학생 수에 대한 선발된 학생 수의 비율을 각각 구합니다.

(5학년의 비율)$=\dfrac{(5학년에서 \; 선발된 \; 학생 \; 수)}{(5학년에서 \; 참가한 \; 학생 \; 수)}$
$=\dfrac{5}{80}=\dfrac{1}{16}$

(6학년의 비율)$=\dfrac{(6학년에서 \; 선발된 \; 학생 \; 수)}{(6학년에서 \; 참가한 \; 학생 \; 수)}$
$=\dfrac{4}{60}=\dfrac{1}{15}$

➡ $\dfrac{1}{16}<\dfrac{1}{15}$이므로 6학년의 비율이 더 높습니다.

**3** 각 책 수에 대한 빌려 간 책 수의 비율을 각각 구합니다.

(과학책의 비율)$=\dfrac{(빌려 \; 간 \; 과학책 \; 수)}{(과학책 \; 수)}$
$=\dfrac{80}{150}=\dfrac{8}{15}$

(동화책의 비율)$=\dfrac{(빌려 \; 간 \; 동화책 \; 수)}{(동화책 \; 수)}$
$=\dfrac{100}{180}=\dfrac{5}{9}$

➡ $\dfrac{8}{15}=\dfrac{24}{45}, \; \dfrac{5}{9}=\dfrac{25}{45}$에서 $\dfrac{24}{45}<\dfrac{25}{45}$이므로 동화책의 비율이 더 높습니다.

**4** ❶ (독수리 팀의 타율)
$=\dfrac{(독수리 \; 팀의 \; 안타 \; 수)}{(독수리 \; 팀의 \; 전체 \; 타수)}=\dfrac{150}{350}=\dfrac{3}{7}$

❷ (사자 팀의 타율)
$=\dfrac{(사자 \; 팀의 \; 안타 \; 수)}{(사자 \; 팀의 \; 전체 \; 타수)}=\dfrac{200}{420}=\dfrac{10}{21}$

❸ $\dfrac{3}{7}=\dfrac{9}{21}$ ➡ $\dfrac{9}{21}<\dfrac{10}{21}$이므로 사자 팀의 타율이 더 높습니다.

**5** (㉮ 선수의 타율)$=\dfrac{(㉮ \; 선수의 \; 안타 \; 수)}{(㉮ \; 선수의 \; 전체 \; 타수)}$
$=\dfrac{45}{180}=\dfrac{1}{4}=0.25$

(㉯ 선수의 타율)$=\dfrac{(㉯ \; 선수의 \; 안타 \; 수)}{(㉯ \; 선수의 \; 전체 \; 타수)}$
$=\dfrac{33}{150}=\dfrac{11}{50}=0.22$

➡ $0.25>0.22$이므로 ㉮ 선수의 타율이 더 높습니다.

**6** (Ⓐ 선수의 성공률)$=\dfrac{(Ⓐ \; 선수가 \; 성공한 \; 자유투 \; 수)}{(Ⓐ \; 선수의 \; 전체 \; 자유투 \; 수)}$
$=\dfrac{22}{50}=\dfrac{11}{25}=0.44$

(Ⓑ 선수의 성공률)$=\dfrac{(Ⓑ \; 선수가 \; 성공한 \; 자유투 \; 수)}{(Ⓑ \; 선수의 \; 전체 \; 자유투 \; 수)}$
$=\dfrac{36}{80}=\dfrac{9}{20}=0.45$

➡ $0.44<0.45$이므로 Ⓑ 선수의 성공률이 더 높습니다.

**7** ❶ (㉮ 승용차의 빠르기)
$=\dfrac{(이동 \; 거리)}{(걸린 \; 시간)}=\dfrac{42}{35}=\dfrac{6}{5}$

❷ 1시간 28분$=$88분이므로
(㉯ 승용차의 빠르기)
$=\dfrac{(이동 \; 거리)}{(걸린 \; 시간)}=\dfrac{110}{88}=\dfrac{5}{4}$

❸ $\dfrac{6}{5}=\dfrac{24}{20}, \; \dfrac{5}{4}=\dfrac{25}{20}$

➡ $\dfrac{24}{20}<\dfrac{25}{20}$이므로 ㉯ 승용차가 더 빨리 달렸습니다.

**8** 시간의 단위를 분으로 같게 하여 비율을 구합니다.
㉮ 고속 버스가 달린 시간은
1시간 20분$=$60분$+$20분$=$80분이므로

(㉮ 고속 버스의 빠르기)$=\dfrac{120}{80}=\dfrac{3}{2}=1.5$

(㉯ 고속 버스의 빠르기)$=\dfrac{147}{105}=\dfrac{7}{5}=1.4$

➡ $1.5>1.4$이므로 ㉮ 고속 버스가 더 빨리 달립니다.

**9** (지운이의 빠르기) $=\dfrac{450}{12}=37.5$

$1.8\,km=1800\,m$이므로

(여정이의 빠르기) $=\dfrac{1800}{45}=40$

⇨ $37.5<40$이므로 여정이가 더 빨리 걷습니다.

**10** ❶ (운동화의 할인 금액)

    $=$(원래 가격)$-$(판매 가격)

    $=40000-36000$

    $=4000$(원)

    (운동화의 할인율) $=\dfrac{(\text{할인 금액})}{(\text{원래 가격})}=\dfrac{4000}{40000}=\dfrac{1}{10}$

  ❷ (샌들의 할인 금액) $=$ (원래 가격)$-$(판매 가격)

                 $=28000-23800$

                 $=4200$(원)

    (샌들의 할인율) $=\dfrac{(\text{할인 금액})}{(\text{원래 가격})}=\dfrac{4200}{28000}=\dfrac{3}{20}$

  ❸ $\dfrac{1}{10}=\dfrac{2}{20}\rightarrow\dfrac{2}{20}<\dfrac{3}{20}$이므로 샌들의 할인율이 더 높습니다.

**11** (두부의 할인 금액) $=4000-3200=800$(원)

  $\rightarrow$ (두부의 할인율) $=\dfrac{800}{4000}=0.2$

  (햄의 할인 금액) $=5600-4760=840$(원)

  $\rightarrow$ (햄의 할인율) $=\dfrac{840}{5600}=0.15$

  ⇨ $0.2>0.15$이므로 두부의 할인율이 더 높습니다.

**12** (공책의 인상 금액) $=$(판매 가격)$-$(원래 가격)

                   $=1000-800=200$(원)

  $\rightarrow$ (공책의 인상률) $=\dfrac{(\text{인상 금액})}{(\text{원래 가격})}=\dfrac{200}{800}=0.25$

  (연필의 인상 금액) $=$(판매 가격)$-$(원래 가격)

                   $=650-500=150$(원)

  $\rightarrow$ (연필의 인상률) $=\dfrac{(\text{인상 금액})}{(\text{원래 가격})}=\dfrac{150}{500}=0.3$

  ⇨ $0.25<0.3$이므로 연필의 인상률이 더 높습니다.

---

### 유형 **03** 비교하는 양 구하기

| | | | | |
|---|---|---|---|---|
| **82쪽** | **1** ❶ $\dfrac{7}{50}$ | ❷ $\dfrac{7}{50}$, $\dfrac{7}{50}$ / 42개 | 🗒 42개 | |
| | **2** 280 g | | **3** 4 m | |
| **83쪽** | **4** ❶ $\dfrac{52}{100}$ | ❷ 52, 52 / 104표 | 🗒 104표 | |
| | **5** 700원 | | **6** 300개 | |

---

**1** ❶ (타율) $=\dfrac{(\text{안타 수})}{(\text{전체 타수})}=\dfrac{35}{250}=\dfrac{7}{50}$

  ❷ 300타수를 칠 때 300타수의 $\dfrac{7}{50}$만큼 안타를 치는 것이므로

  (안타 수) $=\overset{6}{300}\times\dfrac{7}{\underset{1}{50}}=42$(개)

**2** (밀가루에 대한 설탕의 비율) $=\dfrac{120}{300}=\dfrac{2}{5}$

설탕의 양은 밀가루 700 g의 $\dfrac{2}{5}$만큼이므로

(설탕의 양) $=$ (밀가루의 양) $\times\dfrac{2}{5}$

           $=\overset{140}{700}\times\dfrac{2}{\underset{1}{5}}=280$(g)

**3** (은지의 키에 대한 그림자의 비율) $=\dfrac{100}{150}=\dfrac{2}{3}$

나무의 그림자는 6 m의 $\dfrac{2}{3}$만큼이므로

(나무의 그림자) $=$ (나무의 높이) $\times\dfrac{2}{3}$

           $=\overset{2}{6}\times\dfrac{2}{\underset{1}{3}}=4$(m)

**4** ❶ $52\%\rightarrow\dfrac{52}{100}$

  ❷ (진규가 얻은 표수) $=\overset{2}{200}\times\dfrac{52}{\underset{1}{100}}=104$(표)

**5** 적립률: $5\%\rightarrow\dfrac{5}{100}$

(적립금) $=$ (피자 한 판의 가격) $\times$ (적립률)

      $=\overset{140}{14000}\times\dfrac{5}{\underset{1}{100}}=700$(원)

**6** $120\%\rightarrow\dfrac{120}{100}\rightarrow1.2$

(이번 달 도시락 판매량)

$=$(지난 달 도시락 판매량) $\times1.2$

$=250\times1.2=300$(개)

> **참고**
> 백분율을 소수로 나타낼 때 소수점의 위치를 왼쪽으로 2칸 옮깁니다.
> ⑩ $15\%\rightarrow15.\rightarrow0.15$

| 84쪽 | **1** ❶ $\frac{1}{5}$  ❷ $\frac{1}{5}$, $\frac{1}{5}$ / 48명  답 48명 |
|---|---|
| | **2** 252명  **3** 200명 |
| 85쪽 | **4** ❶ $\frac{2}{100}$  ❷ 2, 2 / 280개  ❸ 280개 미만  답 280개 미만 |
| | **5** 570개 미만  **6** 144 kg 초과 |
| 86쪽 | **7** ❶ 120원  ❷ 920원  답 920원 |
| | **8** 6300원  **9** 120대 |
| 87쪽 | **10** ❶ 80 %  ❷ 20 cm  ❸ 300 cm²  답 300 cm² |
| | **11** 810 cm²  **12** 1400 cm² |

**1** ❶ (합격자 수) : (응시자 수)가 1 : 5이므로

(합격률)=$\dfrac{(\text{합격자 수})}{(\text{응시자 수})}$=$\dfrac{1}{5}$입니다.

❷ (합격자 수)=$\overset{48}{240} \times \dfrac{1}{\underset{1}{5}}$=48(명)

**2** (상을 받은 사람 수) : (참가한 사람 수)가 3 : 10이므로 참가한 사람 수에 대한 상을 받은 사람 수의 비율은 $\dfrac{3}{10}$입니다.

상을 받은 사람 수는 전체 참가자 수 840명의 $\dfrac{3}{10}$이므로

(상을 받은 사람 수)=$\overset{84}{840} \times \dfrac{3}{\underset{1}{10}}$=252(명)

**3** (합격자 수) : (불합격자 수)가 1 : 8이므로 합격자가 1명일 때 불합격자가 8명이고, 이때 응시자 수는 1+8=9(명)입니다. 따라서 합격률은 $\dfrac{(\text{합격자 수})}{(\text{응시자 수})}$=$\dfrac{1}{9}$입니다.

응시자 수의 $\dfrac{1}{9}$만큼이 합격하므로 응시자가 1800명일 때

(합격자 수)=$\overset{200}{1800} \times \dfrac{1}{\underset{1}{9}}$=200(명)입니다.

**4** ❷ 불량률이 2 %일 때 이번 달 불량품 수는

$\overset{140}{14000} \times \dfrac{2}{\underset{1}{100}}$=280(개)입니다.

❸ 불량품은 280개 미만이 되어야 불량률이 2 %보다 낮아집니다.

**5** 1.5 % → 0.015이므로 올해 불량률이 작년과 같을 때

(올해 불량품 수)=(28000+10000)×0.015
　　　　　　　　　=570(개)

⇨ 불량률을 작년보다 낮추려면 불량품은 570개 미만이 되어야 합니다.

**6** 4 % → 0.04이므로 오늘 상품 가치가 떨어져서 판매하지 못한 딸기의 비율이 어제와 같을 때

(상품 가치가 떨어진 딸기 양)=150×0.04
　　　　　　　　　　　　　　=6(kg)이고,

(판매한 딸기 양)=150−6=144(kg)입니다.

⇨ 오늘 판매한 딸기는 144 kg보다 많아야 상품 가치가 떨어져 판매하지 못한 비율이 어제보다 낮아지므로 144 kg 초과입니다.

**7** ❶ (인상 금액)=(작년 요금)×(인상률)

$=\overset{8}{800} \times \dfrac{15}{\underset{1}{100}}$=120(원)

❷ (올해 요금)=(작년 요금)+(인상 금액)
　　　　　　=800+120=920(원)

**다른 풀이**
올해 요금은 작년 요금의 115 %이므로

(올해 요금)=(작년 요금)×$\dfrac{115}{100}$=$\overset{8}{800} \times \dfrac{115}{\underset{1}{100}}$=920(원)

**8** [방법 1]
(인상 금액)=6000×0.05=300(원)

⇨ (올해 비빔밥 가격)=(작년 가격)+(인상 금액)
　　　　　　　　　　=6000+300=6300(원)

[방법 2]
작년 가격을 100 %라 할 때 작년 가격의 5 %가 인상되었으므로 100+5=105로 올해 가격은 작년 가격의 105 %입니다.

⇨ (올해 비빔밥 가격)=(작년 가격)×1.05
　　　　　　　　　　=6000×1.05=6300(원)

**9** [방법 1]
(2월 판매량)=80+80×0.2=80+16=96(대)
(3월 판매량)=96+96×0.25=96+24=120(대)

[방법 2]
1월 판매량은 80대이고, 2월 판매량은 80대의 120 %, 3월 판매량은 2월 판매량의 125 %이므로

(3월 판매량)=80×1.2×1.25=96×1.25=120(대)
　　　　　　└─2월─┘
　　　　　└────3월────┘

**10** ❶ 새로 만든 직사각형의 가로는 처음 가로의 20 %를 줄였으므로 남은 길이는 처음 가로의 100−20=80에서 80 %입니다.

❷ (새로 만든 직사각형의 가로)
　=(처음 가로)×$\dfrac{80}{100}$=25×0.8=20(cm)

❸ (새로 만든 직사각형의 넓이)=20×15=300(cm²)

**11** $100-25=75$이므로 새로 만든 직사각형의 세로는 처음 세로의 $75\%$입니다.

(새로 만든 직사각형의 세로)$=36\times0.75=27(\text{cm})$

⇨ (새로 만든 직사각형의 넓이)$=30\times27=810(\text{cm}^2)$

**12** $100-30=70$이므로 새로 만든 평행사변형의 높이는 처음 높이의 $70\%$입니다.

(새로 만든 평행사변형의 높이)$=40\times0.7=28(\text{cm})$

⇨ (새로 만든 평행사변형의 넓이)
$=50\times28=1400(\text{cm}^2)$

---

## 유형 05  이자율의 활용

| 88쪽 | **1** ❶ 2500원 ❷ 5 % 답 5 % |
|---|---|
| | **2** 8 % |  **3** ㉮ 은행 |
| 89쪽 | **4** ❶ 0.04 ❷ 20000원 |
| | ❸ 520000원 답 520000원 |
| | **5** 927000원 **6** 432640원 |

**1** ❶ (이자)$=$(1년 후 찾은 금액)$-$(예금한 돈)
$=52500-50000=2500(\text{원})$

❷ (이자율)$=\dfrac{(\text{이자})}{(\text{예금한 돈})}=\dfrac{2500}{50000}=\dfrac{1}{20}$

⇨ $\dfrac{1}{\overset{}{20}}\times\overset{5}{100}=5$이므로 이자율은 $5\%$입니다.

**2** (이자)$=$(1년 후 찾을 수 있는 금액)$-$(예금한 돈)
$=108000-100000=8000(\text{원})$

(이자율)$=\dfrac{(\text{이자})}{(\text{예금한 돈})}=\dfrac{8000}{100000}=\dfrac{8}{100}\to8\%$

**3** (㉮ 은행의 이자율)$=\dfrac{209만-200만}{200만}\times100$
$=\dfrac{9만}{200만}\times100=4.5\to4.5\%$

(㉯ 은행의 이자율)$=\dfrac{156만-150만}{150만}\times100$
$=\dfrac{6만}{150만}\times100=4\to4\%$

⇨ $4.5\%>4\%$이므로 ㉮ 은행의 이자율이 더 높습니다.

**4** ❶ (이자율)$=\dfrac{(\text{이자})}{(\text{예금한 돈})}=\dfrac{12000}{300000}=\dfrac{4}{100}=0.04$

❷ (이자)$=$(예금한 돈)$\times$(이자율)
$=500000\times0.04=20000(\text{원})$

❸ (1년 후에 찾을 수 있는 돈)
$=$(예금한 돈)$+$(이자)
$=500000+20000=520000(\text{원})$

**5** (이자)$=669500-650000=19500(\text{원})$

→ (이자율)$=\dfrac{19500}{650000}=0.03$

(900000원을 예금할 때 이자)
$=900000\times0.03=27000(\text{원})$

⇨ (1년 후에 찾을 수 있는 돈)
$=900000+27000=927000(\text{원})$

**6** (이자)$=416000-400000=16000(\text{원})$

→ (이자율)$=\dfrac{16000}{400000}=0.04$

이 은행의 이자율은 0.04이므로 416000원을 1년 동안 예금하면 찾을 수 있는 돈은
$416000+416000\times0.04=416000+16640$
$=432640(\text{원})$

---

## 유형 06  할인율의 활용

| 90쪽 | **1** ❶ $\dfrac{1}{5}$ ❷ 640원 답 640원 |
|---|---|
| | **2** 3900원 **3** 4800원 |
| 91쪽 | **4** ❶ 2500원, 2000원 |
| | ❷ 500원 ❸ 20 % 답 20 % |
| | **5** 25 % **6** 20 % |
| 92쪽 | **7** ❶ 28000원 ❷ 22400원 ❸ 2400원 |
| | 답 2400원 |
| | **8** 840원 **9** 125권 |

**1** ❶ (할인율)$=\dfrac{(\text{할인 금액})}{(\text{원래 가격})}=\dfrac{(\text{원래 가격})-(\text{판매 가격})}{(\text{원래 가격})}$
$=\dfrac{1500-1200}{1500}=\dfrac{300}{1500}=\dfrac{1}{5}$

❷ 할인율이 $\dfrac{1}{5}$이므로 할인받는 금액은 3200원의 $\dfrac{1}{5}$입니다.

⇨ $\overset{640}{3200}\times\dfrac{1}{\overset{}{5}}=640(\text{원})$

**2** (바지의 할인 금액)$=$(원래 가격)$-$(판매 가격)
$=38000-32300=5700(\text{원})$

(할인율)$=\dfrac{(\text{할인 금액})}{(\text{원래 가격})}=\dfrac{5700}{38000}=\dfrac{3}{20}$

⇨ (셔츠의 할인 금액)
$=$(원래 가격)$\times$(할인율)$=\overset{1300}{26000}\times\dfrac{3}{\overset{}{20}}=3900(\text{원})$

4. 비와 비율  **29**

**3** (멸치볶음의 할인 금액)=(원래 가격)−(판매 가격)

$\qquad$ =5000−3750=1250(원)

(멸치볶음의 할인율)=$\dfrac{(할인 금액)}{(원래 가격)}=\dfrac{1250}{5000}=\dfrac{1}{4}$

모든 반찬의 할인율이 같으므로 6400원짜리 불고기의

할인 금액은 $\overset{1600}{\cancel{6400}}\times\dfrac{1}{\cancel{4}_{\,1}}=1600$(원)입니다.

$\Rightarrow$ (불고기의 판매 가격)

$\qquad$ =(원래 가격)−(할인 금액)

$\qquad$ =6400−1600=4800(원)

**다른 풀이**

판매 가격은 원래 가격의 $\dfrac{1}{4}$을 할인한 금액이므로 원래 가격의

$\dfrac{3}{4}$과 같습니다.

$\Rightarrow$ (불고기의 판매 가격)=(원래 가격)$\times\dfrac{3}{4}$

$\qquad$ =$\overset{1600}{\cancel{6400}}\times\dfrac{3}{\cancel{4}_{\,1}}=4800$(원)

**4** ❶ (어제 배 한 개의 가격)=10000÷4=2500(원)

$\qquad$ (오늘 배 한 개의 가격)=12000÷6=2000(원)

❷ (오늘 배 한 개의 할인 금액)

$\qquad$ =(어제 가격)−(오늘 가격)

$\qquad$ =2500−2000=500(원)

❸ 어제 가격을 기준으로 오늘 할인한 금액의 비율을 구해야 하므로 기준량은 어제 가격입니다.

(할인율)

$\qquad$ =$\dfrac{(할인 금액)}{(어제 가격)}=\dfrac{500}{2500}=\dfrac{1}{5}$

$\Rightarrow\dfrac{1}{\cancel{5}_{\,1}}\times\overset{20}{\cancel{100}}=20$이므로 20 %입니다.

**5** (오전에 빵 한 개의 가격)=8000÷5=1600(원)

(오후에 빵 한 개의 가격)=9600÷8=1200(원)

(오후에 빵 한 개의 할인 금액)=1600−1200

$\qquad$ =400(원)

$\Rightarrow$ (오후에 빵 한 개의 할인율)

$\qquad$ =$\dfrac{(할인 금액)}{(오전 가격)}=\dfrac{400}{1600}=\dfrac{1}{4}$

$\qquad\rightarrow\dfrac{1}{\cancel{4}_{\,1}}\times\overset{25}{\cancel{100}}=25$이므로 25 %입니다.

**6** (4개짜리 묶음의 라면 1개의 가격)

$\qquad$ =5200÷4=1300(원)

(행사 날 라면 1개의 가격)

$\qquad$ =5200÷5=1040(원)

(행사 날 라면 1개의 할인 금액)

$\qquad$ =1300−1040=260(원)

$\Rightarrow$ (행사 날 라면 1개의 할인율)

$\qquad$ =$\dfrac{(할인 금액)}{(행사 전 가격)}=\dfrac{260}{1300}=\dfrac{2}{10}$

$\qquad\rightarrow\dfrac{2}{\cancel{10}_{\,1}}\times\overset{10}{\cancel{100}}=20$이므로 20 %입니다.

**7** ❶ 40 % → 0.4이므로 붙인 이익은

$\qquad$ 20000×0.4=8000(원)입니다.

$\qquad\Rightarrow$ (정가)=(원가)+(이익)

$\qquad\qquad$ =20000+8000=28000(원)

**다른 풀이**

(정가)는 (원가)의 140 %

$\Rightarrow$ (정가)=20000×1.4=28000(원)

❷ 정가의 20 %를 할인하여 팔면

$\qquad$ (할인 금액)=28000×0.2=5600(원)

$\qquad\Rightarrow$ (판매 가격)=28000−5600=22400(원)

**다른 풀이**

(판매 가격)은 정가의 80 %

$\Rightarrow$ (판매 가격)=28000×0.8=22400(원)

❸ (이익)=(판매 가격)−(원가)

$\qquad$ =22400−20000=2400(원)

**8** 30 % → 0.3이므로 붙인 이익은

8000×0.3=2400(원)입니다.

(정가)=(원가)+(이익)

$\qquad$ =8000+2400=10400(원)

정가의 15 %를 할인하여 팔면

(할인 금액)=10400×0.15=1560(원)

(판매 가격)=10400−1560=8840(원)

$\Rightarrow$ (이익)=(판매 가격)−(원가)

$\qquad$ =8840−8000=840(원)

**9** 25 % → 0.25이므로 붙인 이익은

640×0.25=160(원)입니다.

(정가)=(원가)+(이익)

$\qquad$ =640+160=800(원)

정가의 10 %를 할인하여 팔면

(할인 금액)=800×0.1=80(원)

(판매 가격)=800−80=720(원)

$\Rightarrow$ (이익)=(판매 가격)−(원가)

$\qquad$ =720−640=80(원)

공책 한 권을 팔 때 80원의 이익이 생기므로 10000원의

이익을 남기려면

10000÷80=125(권)을 팔아야 합니다.

## 유형 **07** 용액의 진하기의 활용

| 93쪽 | 1 | ❶ 250, 15  ❷ 6 %  🇪 6 % |
| | 2 | 8 %  3 10 % |
| 94쪽 | 4 | ❶ 25 g  ❷ 300 g, 75 g  ❸ 25 % |
| | | 🇪 25 % |
| | 5 | 20 %  6 25 % |
| 95쪽 | 7 | ❶ (위부터) 700, 36, 98  ❷ 14 % |
| | | 🇪 14 % |
| | 8 | 15 %  9 23 % |

**1** ❶ 설탕물 300 g에서 물 50 g이 증발했으므로
(증발한 후 설탕물 양)=300-50=250(g)이고,
설탕 양은 그대로입니다.
❷ 물이 증발한 후 설탕물의 진하기는
$\dfrac{15}{250}=\dfrac{3}{50} \rightarrow \dfrac{3}{50} \times 100 = 6$이므로 6 %입니다.

**2** 처음 소금물 양은 270+20=290(g)입니다.
물 40 g이 증발한 후 소금물 양은 290-40=250(g)이
고, 소금 양은 20 g으로 그대로입니다.
➡ 증발 후 소금물의 진하기는
$\dfrac{20}{250} \times 100 = 8$이므로 8 %입니다.

**3** 처음 소금물 양은 300+40=340(g)이고 여기에 물
60 g을 더 부었으므로
(전체 소금물 양)=340+60=400(g)이 되고, 소금 양
은 40 g으로 그대로입니다.
➡ 물을 더 부은 후 소금물의 진하기는
$\dfrac{40}{400} \times 100 = 10$이므로 10 %입니다.

**4** ❶ 진하기가 10 %인 소금물 양 250 g에서
소금 양은 250 g의 10%이므로 250×0.1=25(g)
❷ 소금물 양 : 소금을 50 g 더 넣었으므로
250+50=300(g)
소금 양 : 소금을 50 g 더 넣었으므로
25+50=75(g)
❸ 소금을 50 g 더 넣었을 때 소금물 양은 300 g이고,
소금 양은 75 g이므로 소금물의 진하기는
$\dfrac{75}{300} \times 100 = 25$이므로 25 %입니다.

**5** (처음 설탕물의 설탕 양)=400×0.04=16(g)
(설탕을 더 넣은 후 설탕 양)=16+80=96(g)
(설탕을 더 넣은 후 설탕물 양)=400+80=480(g)
➡ 설탕을 더 넣은 후 설탕물의 진하기는
$\dfrac{96}{480} \times 100 = 20$이므로 20 %입니다.

**6** (처음 소금물의 소금 양)=750×0.2=150(g)
(소금을 더 넣은 후 소금물 양)
=750+(더 넣은 소금 양)=800이므로
(더 넣은 소금 양)=50 g입니다.
(소금을 더 넣은 후 소금 양)=150+50=200(g)
➡ 소금을 더 넣은 후 소금물의 진하기는
$\dfrac{200}{800} \times 100 = 25$이므로 25 %입니다.

**7** ❶ ·㉯ 그릇의 소금 양은 300 g의 12 %만큼 들어 있
으므로 300×0.12=36(g)입니다.
·섞은 소금물에서
(소금물 양)=400+300=700(g)
(소금 양)=62+36=98(g)
❷ 섞어서 만든 소금물의 소금물 양은 700 g, 소금 양
은 98 g이므로 진하기는
$\dfrac{98}{700} \times 100 = 14$이므로 14 %입니다.

**8** (진하기가 16 %인 소금물의 소금 양)
=650×0.16=104(g)
(섞어서 만든 소금물 양)=650+350=1000(g)
(섞어서 만든 소금물의 소금 양)=104+46=150(g)
➡ 섞어서 만든 소금물의 진하기는
$\dfrac{150}{1000} \times 100 = 15$이므로 15 %입니다.

**9** (진하기가 18 %인 설탕물의 설탕 양)
=400×0.18=72(g)
(진하기가 27 %인 설탕물의 설탕 양)
=500×0.27=135(g)
(섞어서 만든 설탕물 양)=400+500=900(g)
(섞어서 만든 설탕물의 설탕 양)=72+135=207(g)
➡ 섞어서 만든 설탕물의 진하기는
$\dfrac{207}{900} \times 100 = 23$이므로 23 %입니다.

## 단원 **4** 유형 마스터

| 96쪽 | 01 84 : 70 | 02 0.4 | 03 $\dfrac{1}{4000}$ |
| 97쪽 | 04 8 % | 05 9.4 L | 06 12.6 kg |
| 98쪽 | 07 103만 원 | 08 25 % | 09 1224명 |
| 99쪽 | 10 1250원 | 11 44 : 50 | 12 23 % |

**01** (평행사변형의 넓이)=10×7=70(cm²)
(사다리꼴의 넓이)=(9+12)×8÷2=84(cm²)
➡ (사다리꼴의 넓이) : (평행사변형의 넓이)는
84 : 70입니다.

**02** (6학년 학생 수)=40−10−14=16(명)

로봇 만들기 반을 신청한 전체 학생 수에 대한 6학년 학생 수의 비를 나타내면

(6학년 학생 수) : (전체 학생 수)이므로 16 : 40입니다.

⇨ (전체 학생 수에 대한 6학년 학생 수의 비율)

$$=\frac{16}{40}=\frac{4}{10}=0.4$$

**03** 120 m=12000 cm

실제 거리에 대한 지도에서의 거리의 비를 나타내면

(지도에서의 거리) : (실제 거리)이므로 3 : 12000입니다.

⇨ (비율)$=\frac{3}{12000}=\frac{1}{4000}$

**04** (인상 금액)=(올해 급식비)−(작년 급식비)

$$=5400-5000=400(원)$$

(인상률)$=\dfrac{(인상\ 금액)}{(작년\ 급식비)}=\dfrac{400}{5000}\times100=8\rightarrow8\ \%$

**05** 휘발유 양에 대한 이동 거리의 비율은

$$\frac{(이동\ 거리)}{(휘발유\ 양)}=\frac{252}{18}=14$$

⇨ 131.6 km를 가는 데 필요한 휘발유 양을 □ L라 하면 $\dfrac{131.6}{□}=14$입니다.

따라서 □=131.6÷14=9.4입니다.

**06** (팔 수 없는 포도의 양)$=840\times\dfrac{5}{100}=42(\text{kg})$

팔 수 없는 포도의 30 %로 포도잼을 만들었으므로

(포도잼을 만드는 데 사용한 포도의 양)

$$=42\times\frac{30}{100}=12.6(\text{kg})$$

**07** (이자율)$=\dfrac{13500}{450000}=0.03$

(100만 원을 예금할 때 1년 후에 찾을 수 있는 돈)

$$=100만+100만\times0.03$$

$$=100만+3만=103만(원)$$

**08** 3개를 사는 금액으로 4개를 사는 것과 같으므로

(과자 한 개의 판매 가격)

$$=(3개의\ 가격)\div4=(500\times3)\div4$$

$$=1500\div4=375(원)$$

(과자 한 개의 할인 금액)=500−375=125(원)

⇨ (과자 한 개의 할인율)

$$=\frac{125}{500}\times100=25\rightarrow25\ \%$$

**09** (이번 주 어린이 수)

$$=800-800\times0.1=800-80=720(명)$$

(이번 주 어른 수)

$$=480+480\times0.05=480+24=504(명)$$

⇨ (이번 주 어린이와 어른 수)

$$=720+504=1224(명)$$

**10** (정가)=10000+10000×0.25

$$=10000+2500=12500(원)$$

(판매 가격)=12500−12500×0.1

$$=12500-1250=11250(원)$$

⇨ (이익)=11250−10000=1250(원)

**11** 0.88을 기약분수로 나타냅니다.

$$0.88=\frac{88}{100}=\frac{22}{25}$$

$\dfrac{22}{25}$ 는 분모와 분자의 차가 25−22=3이므로 $\dfrac{22}{25}$와 크기가 같고 분모와 분자의 차가 6인 분수를 찾으면

$$\frac{22\times2}{25\times2}=\frac{44}{50}$$입니다.

$$\llcorner\!\!-50-44=6$$

따라서 조건을 모두 만족하는 비는 44 : 50입니다.

**12**

| | ㉮ 비커 | ㉯ 비커 | 섞은 소금물 |
|---|---|---|---|
| 소금물 양(g) | 300 | 800−300 | 800 |
| 소금 양(g) | 45 (300×0.15) | 160−45 | 160 (800×0.2) |

(㉮ 비커의 소금 양)=300×0.15=45(g)

(섞은 소금물의 소금 양)=800×0.2=160(g)

⇨ ㉯ 비커의 소금물 양은 800−300=500(g)이고,

소금 양은 160−45=115(g)이므로

㉯ 비커의 소금물의 진하기는

$$\frac{115}{500}\times100=23\rightarrow23\ \%$$입니다.

# 5 여러 가지 그래프

**1** ❶ 네 마을의 학생 수의 평균이 320명이므로
네 마을의 학생 수의 합은
$320 \times 4 = 1280$(명)입니다.

❷ 😊은 100명, 🙂은 10명을 나타내므로
가 마을은 430명, 나 마을은 260명,
다 마을은 350명입니다.
⇨ (라 마을의 학생 수)
$= 1280 - (430 + 260 + 350)$
$= 1280 - 1040 = 240$(명)

❸ 라 마을의 학생 수는 240명이고,
$240 = 200 + 40$이므로
😊 2개, 🙂 4개로 나타냅니다.

**2** (네 농장의 달걀 생산량의 합)
$= 4300 \times 4 = 17200$(개)
(가, 나, 라 세 농장의 달걀 생산량의 합)
$= 4500 + 2300 + 4700 = 11500$(개)
(다 농장의 달걀 생산량) $= 17200 - 11500 = 5700$(개)
⇨ $5700 = 5000 + 700$이므로
🥚 5개, 🥚 7개로 나타냅니다.

**3** ❶ 네 과수원의 생산량의 평균이 2800 kg이므로
네 과수원의 생산량의 합은
$2800 \times 4 = 11200$(kg)입니다.

❷ 🍎은 1000 kg, 🍎은 100 kg을 나타내므로
가 마을은 2400 kg, 나 마을은 3100 kg입니다.
⇨ (다와 라 과수원의 생산량의 합)
$= 11200 - (2400 + 3100)$
$= 11200 - 5500 = 5700$(kg)

❸ (다 과수원의 생산량)
$= (5700 - 300) \div 2 = 5400 \div 2 = 2700$(kg)
(라 과수원의 생산량) $= 2700 + 300 = 3000$(kg)

**4** (다섯 반의 학급 문고 수의 합)
$= 160 \times 5 = 800$(권)
(3, 4반의 학급 문고 수의 합)
$= 800 - (210 + 220 + 140)$
$= 800 - 570 = 230$(권)
(3반의 학급 문고 수) $= (230 - 30) \div 2$
$= 200 \div 2 = 100$(권)
(4반의 학급 문고 수) $= 100 + 30 = 130$(권)

**1** ❶ A형은 35 %, B형은 20 %이므로 A형 또는 B형
인 학생의 비율은 $35 + 20 = 55$(%)입니다.

❷ A형 또는 B형인 학생은 전체의 55 %이므로
(A형 또는 B형인 학생 수) $= 420 \times \dfrac{55}{100} = 231$(명)

**2** 위인전 또는 과학책의 비율은
$25 + 20 = 45$(%)입니다.
⇨ (위인전 또는 과학책을 좋아하는 학생 수)
$= 240 \times \dfrac{45}{100} = 108$(명)

**3** 100원 또는 50원짜리 동전의 비율은
$45 + 20 = 65$(%)입니다.
⇨ (100원 또는 50원짜리 동전의 수)
$= 380 \times \dfrac{65}{100} = 247$(개)

**4** ❶ (㉮ 마을의 은행나무 수)
$= 600 \times \dfrac{34}{100} = 204$(그루)

❷ (㉯ 마을의 은행나무 수)
$= 800 \times \dfrac{28}{100} = 224$(그루)

❸ $204 < 224$이므로 ㉯ 마을의 은행나무가
$224 - 204 = 20$(그루) 더 많습니다.

**5** (6월에 팔린 복숭아 양)$=800 \times \dfrac{40}{100}=320$(kg)

(7월에 팔린 복숭아 양)$=960 \times \dfrac{35}{100}=336$(kg)

⇨ 7월에 $336-320=16$(kg) 더 많이 팔렸습니다.

**6** ❶ 띠그래프에서 팔린 음료수의 수는
800개의 25 %이므로

(팔린 음료수의 수)$=800 \times \dfrac{25}{100}=200$(개)입니다.

❷ 원그래프에서 팔린 탄산 음료의 수는
200개의 22 %이므로

$200 \times \dfrac{22}{100}=44$(개)입니다.

**7** (불만족에 답한 사람 수)$=5000 \times \dfrac{18}{100}=900$(명)

불만족에 답한 사람 900명 중에서 가격이 불만족스럽다고 답한 사람이 14 %이므로

(가격이 불만족스럽다고 답한 사람 수)

$=900 \times \dfrac{14}{100}=126$(명)

**8** ❶ (기타에 속하는 학생 수)$=350 \times \dfrac{8}{100}=28$(명)

❷ 멸치볶음을 좋아하는 학생 수는 28명의 25 %이므로

$28 \times \dfrac{25}{100}=7$(명)입니다.

**9** 기타는 650 g의 4 %이므로

(기타에 속하는 양)$=650 \times \dfrac{4}{100}=26$(g)

⇨ (버터의 양)$=26 \times \dfrac{50}{100}=13$(g)

**10** 기타는 250명의 12 %이므로

(기타에 속하는 학생 수)$=250 \times \dfrac{12}{100}=30$(명)

⇨ (키위를 좋아하는 학생 수)$=30 \times \dfrac{20}{100}=6$(명)

---

### 유형 **03** 항목의 양 구하기

| | | | | | |
|---|---|---|---|---|---|
| **108쪽** | **1** | ❶25 % | ❷50명 | 답50명 | |
| | **2** | 60명 | | **3** | 42명 |
| **109쪽** | **4** | ❶35 % | ❷20 % | ❸76명 | 답76명 |
| | **5** | 60개 | | **6** | 36명 |
| **110쪽** | **7** | ❶20 % | ❷16 % | ❸56가구 | 답56가구 |
| | **8** | 72그릇 | | **9** | 60명 |
| **111쪽** | **10** | ❶36 % | ❷24 % | ❸6 cm | 답6 cm |
| | **11** | 9 cm | | **12** | 9.6 cm |

---

**1** ❶ 30분 이상 45분 미만인 학생의 비율은
$100-(35+30+10)=100-75=25$이므로
25 %입니다.

❷ 30분 이상 45분 미만인 학생 수는
200명의 25 %이므로

$200 \times \dfrac{25}{100}=50$(명)입니다.

**2** 연극의 비율은
$100-(30+25+15+10)=100-80=20$이므로
20 %입니다.

연극이라고 답한 사람 수는 300명의 20 %이므로

$300 \times \dfrac{20}{100}=60$(명)입니다.

**3** 3권 이상 읽는 학생의 비율은 3권을 읽는 학생과 4권 이상 읽는 학생의 비율의 합입니다.

3권 이상 읽는 학생의 비율은
$100-(35+25+5)=100-65=35$이므로
35 %입니다.

3권 이상 읽는 학생 수는 120명의 35 %이므로

$120 \times \dfrac{35}{100}=42$(명)입니다.

**4** ❶ 야구를 좋아하는 학생의 비율은
$\dfrac{133}{380} \times 100=35$이므로 35 %입니다.

❷ 농구를 좋아하는 학생의 비율은
$100-(35+25+15+5)=100-80=20$이므로
20 %입니다.

❸ 농구를 좋아하는 학생 수는 380명의 20 %이므로
$380 \times \dfrac{20}{100}=76$(명)입니다.

**5** 크림빵의 비율은
$\dfrac{36}{240} \times 100=15$이므로 15 %입니다.

초코빵의 비율은
$100-(40+15+10+10)$
$=100-75=25$이므로 25 %입니다.

⇨ (초코빵 수)$=240 \times \dfrac{25}{100}=60$(개)

**6** 독도의 비율은 $\dfrac{57}{150} \times 100=38$이므로 38 %입니다.

제주도의 비율은
$100-(20+38+10+8)=100-76=24$이므로
24 %입니다.

⇨ (제주도에 가고 싶은 학생 수)

$=150 \times \dfrac{24}{100}=36$(명)

**7** ❶ 다세대 주택의 비율은

$\dfrac{72°}{360°} \times 100=20$이므로 20 %입니다.

❷ 연립 주택의 비율은
$100-(40+20+14+10)=100-84=16$이므로
16 %입니다.

❸ 연립 주택에 사는 가구 수는 전체 350가구의 16 %
이므로

$350 \times \dfrac{16}{100}=56$(가구)입니다.

**8** 짜장면의 비율은 $\dfrac{144°}{360°} \times 100=40$이므로 40 %입니다.

짬뽕의 비율은
$100-(40+15+10+5)=100-70=30$이므로
30 %입니다.

⇨ (팔린 짬뽕 그릇 수)$=240 \times \dfrac{30}{100}=72$(그릇)

**9** 강아지의 비율은 $\dfrac{108°}{360°} \times 100=30$이므로 30 %입니다.

고양이의 비율은 $\dfrac{90°}{360°} \times 100=25$이므로 25 %이고,

햄스터의 비율도 25 %입니다.

물고기의 비율은
$100-(30+25+25+5)=100-85=15$이므로
15 %입니다.

⇨ (물고기를 기르고 싶은 학생 수)

　　$=400 \times \dfrac{15}{100}=60$(명)

**10** ❶ $100-(48+10+6)=100-64=36$이므로
36 %입니다.

❷ 버스의 비율을 ■ %라 하면 자전거의 비율은
(■ × 2) %이므로, ■＋■ × 2＝36, ■ × 3＝36,
■＝12입니다.

버스의 비율이 12 %이므로 자전거의 비율은
12 × 2＝24로 24 %입니다.

❸ (자전거가 차지하는 길이)$=25 \times \dfrac{24}{100}=6$(cm)

**11** 식비 또는 의류비의 비율은
$100-(25+20+15)=100-60=40$이므로 40 %입니다.

의류비를 □ %라 하면 식비는 (□ × 3) %이므로
□＋□ × 3＝40, □ × 4＝40, □＝10
→ □ × 3＝10 × 3＝30

⇨ 식비의 비율이 30 %이므로
(30 cm인 띠그래프에서 식비가 차지하는 길이)

　　$=30 \times \dfrac{30}{100}=9$(cm)

**12** 쌀 또는 보리쌀의 비율은
$100-(18+14+8)=100-40=60$이므로 60 %입니다.

보리쌀은 쌀의 $\dfrac{1}{4}$이므로 쌀은 보리쌀의 4배와 같습니다.

따라서 보리쌀을 □ %라 하면 쌀은 (□ × 4) %이므로
□＋□ × 4＝60, □ × 5＝60, □＝12
→ □ × 4＝12 × 4＝48

⇨ 쌀의 비율이 48 %이므로
(20 cm인 띠그래프에서 쌀이 차지하는 길이)

　　$=20 \times \dfrac{48}{100}=9.6$(cm)

---

### 유형 **04** 전체의 양 구하기

| 112쪽 | **1** ❶ 15 % | ❷ 2명 | ❸ 200명 | 🔁 200명 |
| | **2** 300명 | | **3** 80000원 | |
| 113쪽 | **4** ❶ 40 % | ❷ 25권 | ❸ 250권 | 🔁 250권 |
| | **5** 300명 | | **6** 200분 | |

**1** ❶ $100-(30+25+20+10)=100-85=15$이므로
15 %입니다.

❷ 분황사탑의 비율이 15 %이고 30명이므로
(전체의 1 %인 학생 수)＝30÷15＝2(명)

❸ 전체의 1 %가 2명이므로 6학년 전체 학생 수는
2 × 100＝200(명)입니다.

**2** 다큐멘터리의 비율은
$100-(35+30+11+10)=100-86=14$이므로
14 %입니다.

전체의 14 %가 42명이므로
(전체의 1 %)＝42÷14＝3(명)입니다.

⇨ (전체)＝3 × 100＝300(명)

**다른 풀이**

다큐멘터리의 비율이 14 %이므로

$\dfrac{14}{100}=\dfrac{42}{(전체)}$ ⇨ $\dfrac{14 \times 3}{100 \times 3}=\dfrac{42}{300}=\dfrac{42}{(전체)}$에서

전체 학생 수는 300명입니다.

**3** 3000원은 기타의 25 %이므로
기타의 1 %는 3000÷25＝120(원)이고,
기타의 100 %는 120 × 100＝12000(원)입니다.
기타가 차지하는 비율은
$100-(25+20+10+30)=100-85=15$이므로
15 %입니다.

⇨ 전체의 15 %가 12000원이므로
(전체 용돈)＝$\underset{1\%}{\underline{12000 \div 15}} \times 100$

　　　　　　＝800 × 100＝80000(원)

**4** ❶ $100-(40+10+10)=100-60=40$이므로
40 %입니다.

❷ 전체의 40 %가 100권이므로
(전체의 10 %인 책수)$=100÷4=25$(권)

❸ 전체의 10 %가 25권이므로 전체 학급 문고 수는
$25×10=250$(권)입니다.

**5** 초록의 비율은
$100-(26+18+12+10)=100-66=34$이므로
34 %입니다.

⇨ 좋아하는 학생 수가 가장 많은 색깔은 초록, 두 번째로
많은 색깔은 파랑이고 두 비율의 합은
(초록)$+$(파랑)$=34+26=60$(%)입니다.
전체의 60 %가 180명이므로 전체의 10 %는
$180÷6=30$(명)입니다.
따라서 영주네 학교 학생 수는 모두
$30×10=300$(명)입니다.

**6** 게임의 비율은
$100-(30+25+12+11)=100-78=22$이므로
22 %입니다.

⇨ 문자 메시지를 하는 시간은 게임을 하는 시간보다 6분
더 많습니다.
이것은 $25-22=3$에서 전체의 3 %이므로
전체의 1 %는 $6÷3=2$(분)입니다.
따라서 하루에 컴퓨터를 사용하는 시간은 모두
$2×100=200$(분)입니다.

---

**참고**
6분은 전체의 3 %입니다.

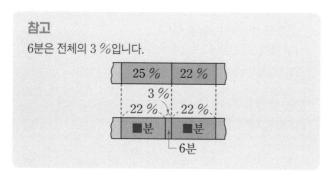

---

**01** (네 달의 사용량의 합)$=190×4=760$(L)
(8월의 사용량)$=760-(120+170+230)$
　　　　　　　$=760-520=240$(L)

⇨ $240=200+40$이므로 🛢2개, 🫗4개를 그립니다.

**02** '매우 만족' 또는 '만족'하는 사람의 비율은
$22+24=46$(%)입니다.

⇨ $400×\dfrac{46}{100}=184$(명)

---

**다른 풀이**

('매우 만족'하는 사람 수)$=400×\dfrac{22}{100}=88$(명)

('만족'하는 사람 수)$=400×\dfrac{24}{100}=96$(명)

⇨ ('매우 만족' 또는 '만족'하는 사람 수)$=88+96=184$(명)

---

**03** 숙소 청결 상태의 비율은
$100-(25+15+18)=100-58=42$이므로
42 %입니다.

⇨ ('숙소 청결 상태'를 선택한 사람 수)
$-$('서비스'를 선택한 사람 수)
$=(500×\dfrac{42}{100})-(500×\dfrac{18}{100})$
$=210-90=120$(명)

---

**다른 풀이**

'숙소 청결 상태'의 사람 수가 '서비스'의 사람 수보다 ■명 더 많
을 때 ■명의 비율은 $42-18=24$에서 전체의 24 %입니다.

따라서 ■$=500×\dfrac{24}{100}=120$입니다.

---

**04** (기타의 금액)$=80000×\dfrac{15}{100}=12000$(원)

영화비로 쓴 돈은 기타 금액의 70 %이므로
$12000×\dfrac{70}{100}=8400$(원)입니다.

**05** (다섯 동의 쓰레기 양의 합)$=230×5=1150$(kg)
(나 동과 라 동의 쓰레기 양의 합)
$=1150-(320+230+140)$
$=1150-690=460$(kg)
라 동은 나 동보다 60 kg 더 적으므로
나 동의 쓰레기 양을 □ kg이라 하면 라 동의 쓰레기
양은 (□$-60$) kg입니다.

⇨ □$+$□$-60=460$, □$+$□$=460+60$,
　□$+$□$=520$, □$=520÷2=260$

**06** (캠핑장의 각도)$=360°-(108°+90°+90°)$
　　　　　　　$=360°-288°=72°$

(캠핑장의 비율)$=\dfrac{72°}{360°}=\dfrac{1}{5}$

⇨ (캠핑장에 가고 싶은 학생 수)$=250×\dfrac{1}{5}=50$(명)

**07** 닭고기와 소고기 판매량의 합은 전체의
$100-(42+6)=100-48=52$이므로 52 %입니다.
전체의 52 %가 234 kg이므로 전체의 1 %는
$234÷52=4.5(kg)$입니다.
따라서 일주일 동안 팔린 고기는 모두
$4.5×100=450(kg)$입니다.

**08** (㉮ 두부 100 g 속 단백질 양)$=100×\dfrac{8}{100}=8(g)$
→ (㉮ 두부 200 g 속 단백질 양)$=8×2=16(g)$
(㉯ 우유 100 g 속 단백질 양)$=100×\dfrac{5}{100}=5(g)$
→ (㉯ 우유 250 g 속 단백질 양)$=5×2.5=12.5(g)$
⇨ $16+12.5=28.5(g)$

**09** 축구의 비율은 $\dfrac{6}{20}×100=30$이므로 30 %입니다.
야구의 비율은
$100-(30+20+15+10)=100-75=25$이므로
25 %입니다.
야구를 좋아하는 학생 수는 160명의 25 %이므로
$160×\dfrac{25}{100}=40(명)$입니다.

**10** '수돗물을 그대로 먹거나 끓여서' 먹는 사람 수 180명
은 전체의 30 %이므로
전체의 10 %는 $180÷3=60(명)$입니다.
전체의 10 %가 60명이고,
'수돗물을 정수기를 설치해서' 먹는 사람 수는
50 %이므로 $60×5=300(명)$입니다.
⇨ (정수기를 설치한 이유로 '믿을 수 있어서'라고 답한
사람 수)=(300명의 48 %)
$=300×\dfrac{48}{100}=144(명)$

**11** 김밥의 비율은 $\dfrac{306}{850}×100=36 → 36$ %이므로
국수의 비율은 $36÷3=12 → 12$ %입니다.
⇨ (떡볶이의 비율)$=100-(36+24+12+8)$
$=100-80=20 → 20$ %
따라서 떡볶이가 차지하는 길이는
$20×\dfrac{20}{100}=4(cm)$입니다.

**12** (세미네 반의 과학책 수)$=240×\dfrac{25}{100}=60(권)$
서윤이네 반의 위인전 수는 세미네 반의 과학책 수와
같으므로 60권입니다.
서윤이네 반 학급 문고에서 60권은
전체의 15 %이므로 1 %는 $60÷15=4(권)$입니다.
따라서 서윤이네 반의 과학책은 $4×20=80(권)$입니다.

---

# 6 직육면체의 부피와 겉넓이

<table>
<tr><td colspan="3">유형 01 직육면체의 부피와 겉넓이</td></tr>
<tr><td rowspan="2">120쪽</td><td>1 ❶ 11 cm ❷ 1331 cm³ 답 1331 cm³</td></tr>
<tr><td>2 343 cm³      3 512 cm³</td></tr>
<tr><td rowspan="2">121쪽</td><td>4 ❶ 8 cm ❷ 416 cm² 답 416 cm²</td></tr>
<tr><td>5 192 cm²      6 486 cm²</td></tr>
</table>

**1** ❶ $121=11×11$이므로 정사각형의 한 변의 길이는
11 cm입니다.
따라서 한 모서리의 길이는 11 cm입니다.
❷ (정육면체의 부피)
$=$(한 모서리의 길이)$×$(한 모서리의 길이)
$×$(한 모서리의 길이)
$=11×11×11=1331(cm^3)$

**2** 정육면체의 한 면은 정사각형이므로 한 변의 길이는
$28÷4=7(cm)$입니다.
따라서 정육면체의 한 모서리의 길이는 7 cm입니다.
⇨ (정육면체의 부피)$=7×7×7=343(cm^3)$

**3** 정육면체의 모서리는 모두 12개이고 길이가 모두 같으
므로 한 모서리의 길이는
$96÷12=8(cm)$입니다.
⇨ (정육면체의 부피)$=8×8×8=512(cm^3)$

**4** ❶ 면 ㄱㄴㄷㄹ은 정사각형이므로
한 변의 길이는 $32÷4=8(cm)$입니다.
❷ (직육면체의 겉넓이)
$=$(한 변이 8 cm인 정사각형의 넓이)$×2$
$+$(가로가 8 cm, 세로가 9 cm인
직사각형의 넓이)$×4$
$=(8×8)×2+(8×9)×4$
$=128+288=416(cm^2)$

**5** $36=6×6$이므로 면 ㄱㄴㄷㄹ의 한 변의 길이는 6 cm
입니다. 따라서 직육면체의 겉넓이는
한 변이 6 cm인 정사각형 2개, 가로가 6 cm, 세로가
5 cm인 직사각형 4개의 넓이의 합과 같습니다.
⇨ (직육면체의 겉넓이)
$=36×2+(6×5)×4=72+120=192(cm^2)$

**6** 정육면체의 모서리는 모두 12개이고, 길이가 모두 같으
므로 한 모서리의 길이는 $108÷12=9(cm)$입니다.
⇨ (정육면체의 겉넓이)
$=$(한 면의 넓이)$×6=9×9×6=486(cm^2)$

## 유형 02 직육면체의 부피 이용하기

| 122쪽 | 1 ❶높이 ❷12 답12 |
|---|---|
| | 2 5          3 4 |
| 123쪽 | 4 ❶7 cm ❷510 cm² 답510 cm² |
| | 5 568 cm²      6 294 cm² |

**1** ❷ $648 = ■ \times 9 \times 6$ 에서

$■ = 648 \div 9 \div 6 = 72 \div 6 = 12$

**2** $\square = (직육면체의 부피) \div (가로) \div (세로)$

$= 280 \div 7 \div 8 = 40 \div 8 = 5$

**3** $400\ cm = 4\ m$ 이므로

$(정육면체의 부피) = 4 \times 4 \times 4 = 64(m^3)$

직육면체의 부피는 정육면체의 부피와 같으므로

$\square = 64 \div 8 \div 2 = 8 \div 2 = 4$

**4** ❶ 가로가 12 cm, 세로가 9 cm이므로

$(높이) = 756 \div 12 \div 9 = 63 \div 9 = 7(cm)$

❷ $(겉넓이) = (한 밑면의 넓이) \times 2 + (옆면의 넓이의 합)$

$= (12 \times 9) \times 2 + (9 + 12 + 9 + 12) \times 7$

$= 216 + 294 = 510(cm^2)$

**5** $(선분 ㄱㄴ)$

$= 840 \div 14 \div 6 = 10(cm)$

⇨ $(직육면체의 겉넓이)$

$= (14 \times 10) \times 2$

$+ (14 + 10 + 14 + 10) \times 6$

$= 280 + 288 = 568(cm^2)$

**6** 정육면체의 한 모서리의 길이를 $\square$ cm라 하면

$(부피) = \square \times \square \times \square = 343,\ 7 \times 7 \times 7 = 343$ 이므로

$\square = 7$ 입니다.

따라서 한 모서리의 길이는 7 cm입니다.

⇨ $(정육면체의 겉넓이)$

$= (한 면의 넓이) \times 6 = 7 \times 7 \times 6 = 294(cm^2)$

## 유형 03 직육면체의 겉넓이 이용하기

| 124쪽 | 1 ❶252 cm² ❷28 cm ❸9 답9 |
|---|---|
| | 2 12        3 10 |
| 125쪽 | 4 ❶280 cm² ❷7 답7 |
| | 5 9        6 11 |
| 126쪽 | 7 ❶10 cm ❷540 cm³ 답540 cm³ |
| | 8 945 cm³     9 512 cm³ |

**1** ❶ $(면 ㉮의 넓이) = 8 \times 6 = 48(cm^2)$ 이므로

$(면 ㄱㄴㄷㄹ의 넓이)$

$= (겉넓이) - (면 ㉮의 넓이) \times 2$

$= 348 - 48 \times 2 = 348 - 96 = 252(cm^2)$

❷ 선분 ㄱㄹ은 옆면의 가로이고 밑면의 둘레와 같으므로 $(선분 ㄱㄹ) = 8 + 6 + 8 + 6 = 28(cm)$

❸ ■는 옆면의 세로이므로

$■ = (옆면의 넓이) \div (선분 ㄱㄹ) = 252 \div 28 = 9$

**2**

$(한 밑면의 넓이) = 9 \times 7 = 63(cm^2)$

$(옆면의 넓이) = (겉넓이) - (한 밑면의 넓이) \times 2$

$= 510 - 63 \times 2 = 510 - 126$

$= 384(cm^2)$

$(옆면의 가로) = 9 + 7 + 9 + 7 = 32(cm)$

$\square$는 옆면의 세로와 같으므로 $\square = 384 \div 32 = 12$

**3** 가의 세로가 12 cm이므로 가로는 $84 \div 12 = 7(cm)$ 입니다.

$(옆면의 넓이) = (겉넓이) - (가의 넓이) \times 2$

$= 548 - 84 \times 2 = 548 - 168$

$= 380(cm^2)$

$(옆면의 가로) = 12 + 7 + 12 + 7 = 38(cm)$

$\square$는 옆면의 세로이므로 $\square = 380 \div 38 = 10$

**4** ❶ 면 ㄴㅂㅅㄷ에서

$(선분 ㄷㅅ) = (선분 ㄹㅇ) = 12\ cm$ 이므로

$(면 ㄴㅂㅅㄷ의 넓이) = 8 \times 12 = 96(cm^2)$

$(옆면의 넓이) = (겉넓이) - (한 밑면의 넓이) \times 2$

$= 472 - 96 \times 2 = 472 - 192$

$= 280(cm^2)$

❷ $(옆면의 가로) = 12 + 8 + 12 + 8 = 40(cm)$ 이므로

$■ = (옆면의 세로) = 280 \div 40 = 7$

**5** 빗금 친 면을 밑면으로 하면 높이는 $\square$ cm가 되고, 이때 $\square$ cm는 옆면의 세로가 됩니다.

$(옆면의 넓이)$

$= (겉넓이) - (한 밑면의 넓이) \times 2$

$= 518 - (11 \times 8) \times 2$

$= 518 - 176 = 342(cm^2)$

$(옆면의 가로)$

$= 11 + 8 + 11 + 8 = 38(cm)$

⇨ $\square = (옆면의 세로) = 342 \div 38 = 9$

**6** 면 ㄱㄴㄷㄹ을 밑면으로 할 때 높이는 □cm가 됩니다.
(옆면의 넓이)
= (겉넓이) − (한 밑면의 넓이) × 2
= 270 − (5 × 5) × 2 = 270 − 50 = 220(cm²)
밑면이 정사각형이므로
(옆면의 가로) = 5 × 4 = 20(cm)입니다.
□ = (옆면의 세로) = 220 ÷ 20 = 11

**7** ❶ 면 ㄷㅅㅇㄹ을 밑면으로 할 때
(옆면의 넓이) = (겉넓이) − (한 밑면의 넓이) × 2
= 408 − (9 × 6) × 2
= 408 − 108 = 300(cm²)
(높이) = (옆면의 넓이) ÷ (옆면의 가로)
= 300 ÷ (9 + 6 + 9 + 6)
= 300 ÷ 30 = 10(cm)
❷ (직육면체의 부피) = 9 × 6 × 10 = 540(cm³)

**8** 빗금 친 면을 밑면으로 하면
(옆면의 넓이)
= (겉넓이) − (한 밑면의 넓이) × 2
= 606 − (7 × 15) × 2
= 606 − 210 = 396(cm²)
높이를 □cm라 할 때 □cm는 옆면의 세로가 됩니다.
(옆면의 가로) = 7 + 15 + 7 + 15 = 44(cm)
→ □ = 396 ÷ 44 = 9
⇨ (직육면체의 부피) = 7 × 15 × 9 = 945(cm³)

**9** (정육면체의 겉넓이) = (한 면의 넓이) × 6이므로
(한 면의 넓이) = 384 ÷ 6 = 64(cm²)입니다.
64 = 8 × 8이므로 정육면체의 한 모서리의 길이는
8 cm입니다.
⇨ (정육면체의 부피) = 8 × 8 × 8 = 512(cm³)

---

**유형 04** 새로 만든 직육면체의 부피

127쪽 **1** ❶ 6 × 8 × 5,
6 × 2 × 8 × 2 × 5 × 2
❷ 8배  답 8배

**2** 27배          **3** 12배

128쪽 **4** ❶ 5 cm  ❷ 125 cm³  답 125 cm³

**5** 729 cm³          **6** 600 cm³

**1** ❷ (늘인 직육면체의 부피) = 6 × 2 × 8 × 2 × 5 × 2
= 6 × 8 × 5 × 2 × 2 × 2
= (6 × 8 × 5) × 8
⇨ 늘인 직육면체의 부피는 처음 직육면체의 부피의
8배입니다.

---

**2** (처음 정육면체의 부피) = 4 × 4 × 4
(늘인 정육면체의 부피)
= 4 × 3 × 4 × 3 × 4 × 3
= 4 × 4 × 4 × 3 × 3 × 3
= (4 × 4 × 4) × 27
⇨ (늘인 정육면체의 부피)
= (처음 정육면체의 부피) × 27이므로
늘인 정육면체의 부피는 처음 정육면체의 부피의
27배입니다.

**3** (처음 직육면체의 부피) = 8 × 6 × 12
(새로 만든 직육면체의 부피)
$= 8 \times 4 \times 6 \times 4 \times 12 \times \frac{3}{4}$
$= 8 \times 6 \times 12 \times 4 \times 4 \times \frac{3}{4} = (8 \times 6 \times 12) \times 12$
⇨ (새로 만든 직육면체의 부피)
= (처음 직육면체의 부피) × 12이므로 새로 만든 직육
면체의 부피는 처음 직육면체의 부피의 12배입니다.

**4** ❶ 직육면체에서 가장 짧은 모서리의 길이는 5 cm이
므로 잘라서 만든 가장 큰 정육면체의 한 모서리의
길이는 5 cm입니다.
❷ (만든 정육면체의 부피) = 5 × 5 × 5 = 125(cm³)

**5** 가장 짧은 모서리의 길이는 9 cm이므로 잘라서 만든
가장 큰 정육면체의 한 모서리의 길이는 9 cm입니다.
⇨ (만든 정육면체의 부피) = 9 × 9 × 9 = 729(cm³)

**6** 잘라서 만든 가장 큰 정육면체의 한 모서리의 길이는
10 cm이고, 이때 남은 부분은 밑면의 가로가 10 cm,
세로가 16 − 10 = 6(cm), 높이가 10 cm인 직육면체 모
양입니다.
⇨ (남은 부분의 부피) = 10 × 6 × 10 = 600(cm³)

---

**유형 05** 새로 만든 직육면체의 겉넓이

129쪽 **1** ❶ (위부터) 6, 8  ❷ 348 cm²
답 348 cm²

**2** 510 cm²          **3** 216 cm²

130쪽 **4** ❶ (위부터) 12, 6  ❷ 144 cm²
답 144 cm²

**5** 216 cm²          **6** 256 cm²

131쪽 **7** ❶ 18배  ❷ 16배  ❸ ㉮, 8 cm²
답 ㉮, 8 cm²

**8** ㉯, 18 cm²          **9** ㉮, ㉯, ㉰

**1** ❷ 직육면체의 겉넓이는 위, 앞, 옆에서 본 모양이 각각 2개씩 있습니다.
⇨ (직육면체의 겉넓이)
$=(9 \times 6) \times 2 + (9 \times 8) \times 2 + (6 \times 8) \times 2$
$=108 + 144 + 96 = 348(cm^2)$

**2** 위, 옆에서 본 모양으로 겨냥도를 그려 보면 앞에서 본 모양은 가로가 12 cm, 세로가 7 cm인 직사각형입니다. 직육면체는 마주 보는 두 면이 서로 합동이므로 위, 앞, 옆에서 본 면이 각각 2개씩 있습니다.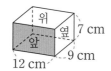
⇨ (직육면체의 겉넓이)
$=(12 \times 9) \times 2 + (9 \times 7) \times 2 + (12 \times 7) \times 2$
$=216 + 126 + 168 = 510(cm^2)$

**3** 위, 앞, 옆에서 본 모양이 모두 같으므로 한 모서리의 길이가 6 cm인 정육면체입니다.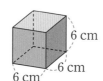
⇨ (정육면체의 겉넓이)
$=6 \times 6 \times 6 = 216(cm^2)$

**4** ❶ 처음 직육면체의 세로가 12 cm, 높이가 6 cm이므로, 한 번 자르면 가로가 12 cm, 세로가 6 cm인 직사각형 2개가 생깁니다.
❷ 겉넓이는 자르기 전보다 가로가 12 cm, 세로가 6 cm인 직사각형 넓이의 2배만큼 늘어나므로
(늘어난 겉넓이)$= 12 \times 6 \times 2 = 144(cm^2)$

**5** 직육면체를 자를 때 새로 생기는 면은 2개이고, 이 면은 가로가 12 cm, 세로가 9 cm인 직사각형입니다.
⇨ (늘어난 겉넓이)$= 12 \times 9 \times 2 = 216(cm^2)$

**6** 정육면체를 한 번 자를 때 새로 생기는 면은 한 변이 8 cm인 정사각형 2개이므로 늘어난 겉넓이는 $8 \times 8 \times 2 = 128(cm^2)$입니다.
2번 자르면 $8 \times 8 \times 2 = 128(cm^2)$만큼 더 늘어납니다.
⇨ (2번 잘랐을 때 늘어난 겉넓이)
$= 128 + 128 = 256(cm^2)$

**7** ❶ ㉮ 모양의 겉면은 쌓기나무 한 면이 18개이므로 ㉮ 모양의 겉넓이는 쌓기나무 한 면의 넓이의 18배입니다.
❷ ㉯ 모양의 겉면은 쌓기나무 한 면이 16개이므로 ㉯ 모양의 겉넓이는 쌓기나무 한 면의 넓이의 16배입니다.
❸ ㉮ 모양이 ㉯ 모양보다 쌓기나무 한 면의 개수가 2개 더 많으므로 겉넓이가 $2 \times 2 \times 2 = 8(cm^2)$만큼 더 넓습니다.

**8** • ㉮ 모양의 겉면은 쌓기나무 한 면이 22개이므로 ㉮ 모양의 겉넓이는 쌓기나무 한 면의 넓이의 22배입니다.
• ㉯ 모양의 겉면은 쌓기나무 한 면이 24개이므로 ㉯ 모양의 겉넓이는 쌓기나무 한 면의 넓이의 24배입니다.
⇨ ㉯ 모양이 $24 - 22 = 2$(개) 더 많으므로 $3 \times 3 \times 2 = 18(cm^2)$ 더 넓습니다.

참고
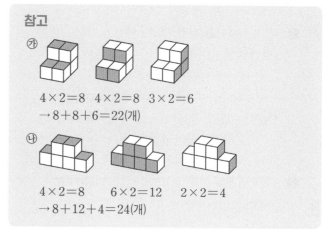
㉮
$4 \times 2 = 8 \quad 4 \times 2 = 8 \quad 3 \times 2 = 6$
$\rightarrow 8 + 8 + 6 = 22$(개)
㉯
$4 \times 2 = 8 \quad 6 \times 2 = 12 \quad 2 \times 2 = 4$
$\rightarrow 8 + 12 + 4 = 24$(개)

**9** 쌓기나무 한 면의 개수를 세어 봅니다.
(㉮ 모양)$= 8 \times 2 + 8 \times 2 + 1 \times 2$
$= 16 + 16 + 2 = 34$(개)
(㉯ 모양)$= 6 \times 2 + 6 \times 2 + 4 \times 2$
$= 12 + 12 + 8 = 32$(개)
(㉰ 모양)$= 4 \times 6 = 24$(개)
⇨ $34 > 32 > 24$이므로 ㉮, ㉯, ㉰ 모양 순서대로 겉넓이가 넓습니다.

---

### 유형 **06** 실생활에서 부피 구하기

| | | |
|---|---|---|
| **132쪽** | **1** ❶ 가로 : 5개, 세로 : 4개, 높이 : 6개 | |
| | ❷ 120개 　🖺 120개 | |
| | **2** 1800개 | **3** 72개 |
| **133쪽** | **4** ❶ 12 cm　❷ 1728 cm³　🖺 1728 cm³ | |
| | **5** 27000 cm³ | **6** 216000 cm³ |
| **134쪽** | **7** ❶ 2 cm　❷ 1600 cm³　🖺 1600 cm³ | |
| | **8** 1350 cm³ | **9** 2400 cm³ |
| **135쪽** | **10** ❶ 12 / 12, 12 / 12, 12 | |
| | ❷ 7200 cm³　🖺 7200 cm³ | |
| | **11** 9000 cm³ | **12** 2240 cm³ |

**1** ❶ (가로에 놓을 수 있는 개수)$= 20 \div 4 = 5$(개)
(세로에 놓을 수 있는 개수)$= 16 \div 4 = 4$(개)
(높이에 쌓을 수 있는 개수)$= 24 \div 4 = 6$(개)

**❷** 가로에 5개, 세로에 4개, 높이에 6층까지 쌓을 수 있
으므로 $5 \times 4 \times 6 = 120$(개)까지 쌓을 수 있습니다.

**2** (가로에 놓을 수 있는 개수)$= 120 \div 8 = 15$(개)
(세로에 놓을 수 있는 개수)$= 80 \div 8 = 10$(개)
(높이에 쌓을 수 있는 개수)$= 96 \div 8 = 12$(개)
⇨ (쌓을 수 있는 블록 개수)$= 15 \times 10 \times 12 = 1800$(개)

**3** (가로에 놓을 수 있는 개수)$= 24 \div 8 = 3$(개)
(세로에 놓을 수 있는 개수)$= 24 \div 6 = 4$(개)
(높이에 쌓을 수 있는 개수)$= 24 \div 4 = 6$(개)
⇨ (쌓을 수 있는 물건 개수)$= 3 \times 4 \times 6 = 72$(개)

**4** **❶** 가로와 세로의 최소공배수는 4와 2의 최소공배수인
4이고, 4와 높이 3의 최소공배수는 12입니다.
따라서 만들 수 있는 가장 작은 정육면체의 한 모서
리의 길이는 12 cm입니다.
**❷** (정육면체의 부피)$= 12 \times 12 \times 12 = 1728(\text{cm}^3)$

**5** 가로와 세로의 최소공배수는 5와 6의 최소공배수인 30
이고, 30과 높이 3의 최소공배수는 30이므로 만들 수 있
는 가장 작은 정육면체의 한 모서리의 길이는 30 cm입
니다.
⇨ (정육면체의 부피)$= 30 \times 30 \times 30 = 27000(\text{cm}^3)$

**6** 가로와 세로의 최소공배수는 20과 15의 최소공배수인
60이고, 60과 높이 30의 최소공배수는 60이므로 만들
수 있는 가장 작은 정육면체의 한 모서리의 길이는
60 cm입니다.
⇨ (정육면체의 부피)$= 60 \times 60 \times 60 = 216000(\text{cm}^3)$

**7** **❶** 물의 높이는 25 cm에서 27 cm가 되었으므로
(늘어난 물의 높이)$= 27 - 25 = 2(\text{cm})$
**❷** 돌의 부피는 늘어난 물의 부피와 같습니다.
⇨ (돌의 부피)$=$ (늘어난 물의 부피)
$= 40 \times 20 \times 2 = 1600(\text{cm}^3)$

**8** (늘어난 물의 높이)$= 16 - 13 = 3(\text{cm})$
⇨ (돌의 부피)$=$ (늘어난 물의 부피)
$= 25 \times 18 \times 3 = 1350(\text{cm}^3)$

**9** 돌의 부피는 줄어든 물의 부피와 같습니다.
(줄어든 물의 높이)$= 14 - 10 = 4(\text{cm})$
⇨ (돌의 부피)$=$ (줄어든 물의 부피)
$= 30 \times 20 \times 4 = 2400(\text{cm}^3)$

**10** **❷** 상자의 가로는 $54 - 12 - 12 = 30(\text{cm})$,
세로는 $44 - 12 - 12 = 20(\text{cm})$,
높이는 12 cm입니다.
⇨ (상자의 부피)$= 30 \times 20 \times 12 = 7200(\text{cm}^3)$

**11** (상자의 높이)$= 15$ cm
(상자의 가로)$= 50 - 15 - 15 = 20(\text{cm})$
(상자의 세로)$= 60 - 15 - 15 = 30(\text{cm})$
⇨ (상자의 부피)$= 20 \times 30 \times 15 = 9000(\text{cm}^3)$

**12** 높이가 8 cm이므로 한 변의 길이가 8 cm인 정사각형
으로 오려 냈습니다.
(상자의 가로)$= 36 - 8 - 8 = 20(\text{cm})$
(상자의 세로)$= 30 - 8 - 8 = 14(\text{cm})$
⇨ (상자의 부피)$= 20 \times 14 \times 8 = 2240(\text{cm}^3)$

## 유형 **07** 복잡한 입체도형의 부피와 겉넓이

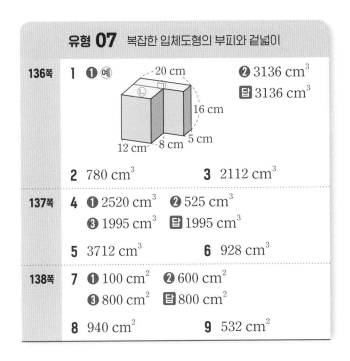

| 136쪽 | **1** **❶** 예 | | **❷** 3136 cm³  **답** 3136 cm³ |
|---|---|---|---|

**2** 780 cm³　　　　**3** 2112 cm³

| 137쪽 | **4** **❶** 2520 cm³　**❷** 525 cm³ |
|---|---|
| | **❸** 1995 cm³　**답** 1995 cm³ |

**5** 3712 cm³　　　　**6** 928 cm³

| 138쪽 | **7** **❶** 100 cm²　**❷** 600 cm² |
|---|---|
| | **❸** 800 cm²　**답** 800 cm² |

**8** 940 cm²　　　　**9** 532 cm²

**1** **❷** (㉠의 부피)$= 20 \times 5 \times 16 = 1600(\text{cm}^3)$
(㉡의 부피)$= 12 \times 8 \times 16 = 1536(\text{cm}^3)$
⇨ (입체도형의 부피)
$= 1600 + 1536 = 3136(\text{cm}^3)$

**2** 입체도형을 두 개의 직육면
체 ㉠, ㉡으로 나누어 구합
니다.
(㉠의 부피)$= 3 \times 16 \times 10$
$= 480(\text{cm}^3)$
(㉡의 부피)$= 5 \times 6 \times 10 = 300(\text{cm}^3)$
⇨ (입체도형의 부피)$= 480 + 300 = 780(\text{cm}^3)$

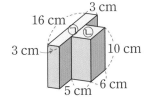

**3** 입체도형을 세 개의 직육면
체 ㉠, ㉡, ㉢으로 나누어 구
합니다.
(㉠의 부피)
$= 8 \times 6 \times 9 = 432(\text{cm}^3)$
(㉡의 부피)
$= 8 \times 6 \times (9+6) = 720(\text{cm}^3)$
(㉢의 부피)$= 8 \times 6 \times 20 = 960(\text{cm}^3)$
⇨ (입체도형의 부피)
$= 432 + 720 + 960 = 2112(\text{cm}^3)$

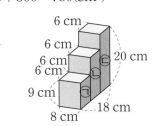

**4** ❶ (처음 직육면체의 부피)
$$=14 \times 12 \times 15 = 2520(cm^3)$$
❷ 구멍은 직육면체이므로
(구멍의 부피)$=7 \times 5 \times 15 = 525(cm^3)$
❸ (입체도형의 부피)
$=$(처음 직육면체의 부피)$-$(구멍의 부피)
$$=2520-525=1995(cm^3)$$

**5** (입체도형의 부피)
$=$(처음 직육면체의 부피)$-$(구멍의 부피)
$$=20 \times 16 \times 14 - 8 \times 6 \times 16$$
$$=4480-768=3712(cm^3)$$

**6** 잘라낸 직육면체의 가로는 6 cm,
세로는 $14-5-5=4(cm)$, 높이는 8 cm입니다.
$\Rightarrow$ (입체도형의 부피)
$=$(처음 직육면체의 부피)$-$(잘라낸 직육면체의 부피)
$$=10 \times 14 \times 8 - 6 \times 4 \times 8$$
$$=1120-192=928(cm^3)$$

**7** ❶ 밑면의 모양은 오른쪽과 같습니다.
(한 밑면의 넓이)
$$=15 \times 10 - 10 \times 5$$
$$=150-50=100(cm^2)$$
❷ (옆면의 넓이)$=$(밑면의 둘레)$\times$(높이)
$$=\underline{(10+15) \times 2} \times 12$$
└ 직사각형의 둘레와 같아요.
$$=50 \times 12 = 600(cm^2)$$
❸ (입체도형의 겉넓이)
$=$(한 밑면의 넓이)$\times 2+$(옆면의 넓이)
$$=100 \times 2 + 600 = 200 + 600$$
$$=800(cm^2)$$

**8** 빗금 친 면을 한 밑면으로 하여 겉넓이를 구합니다.

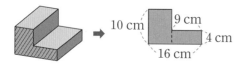

(한 밑면의 넓이)
$$=(16-9) \times 10 + 9 \times 4$$
$$=70+36=106(cm^2)$$
(옆면의 넓이)$=$(밑면의 둘레)$\times$(높이)
$$=(10+16) \times 2 \times 14$$
$$=728(cm^2)$$
$\Rightarrow$ (입체도형의 겉넓이)
$=$(한 밑면의 넓이)$\times 2+$(옆면의 넓이)
$$=106 \times 2 + 728 = 212 + 728$$
$$=940(cm^2)$$

**9** (한 밑면의 넓이)$=10 \times 9 - 4 \times 6$
$$=90-24=66(cm^2)$$
○표 한 부분의 길이를 모두 더하면
10 cm입니다.
(옆면의 넓이)
$=$(밑면의 둘레)$\times$(높이)
$$=(10+9+10+9+6+6) \times 8$$
$$=50 \times 8 = 400(cm^2)$$
$\Rightarrow$ (입체도형의 겉넓이)
$=$(한 밑면의 넓이)$\times 2+$(옆면의 넓이)
$$=66 \times 2 + 400 = 132 + 400$$
$$=532(cm^2)$$

## 단원 6 유형 마스터

| | | | | | |
|---|---|---|---|---|---|
| 139쪽 | **01** $512 \ cm^3$ | **02** 12배 | **03** $228 \ cm^2$ |
| 140쪽 | **04** 12 cm | **05** $276 \ cm^2$ | **06** 17 cm |
| 141쪽 | **07** $1560 \ cm^2$ | **08** $3520 \ cm^3$ | **09** $510 \ cm^2$ |

**01** $64=8 \times 8$이므로 정육면체의 한 모서리의 길이는
8 cm입니다.
$\Rightarrow$ (정육면체의 부피)$=8 \times 8 \times 8$
$$=512(cm^3)$$

**02** (처음 부피)$=4 \times 6 \times 5$
(늘인 부피)$=4 \times 2 \times 6 \times 2 \times 5 \times 3$
$$=4 \times 6 \times 5 \times 2 \times 2 \times 3$$
$$=(4 \times 6 \times 5) \times 12$$
$\Rightarrow$ 늘인 부피는 처음 부피의 12배입니다.

**03** (나의 부피)$=6 \times 6 \times 6=216(cm^3)$이므로 가의 부피
도 $216 \ cm^3$입니다.
직육면체 가의 부피가 $216 \ cm^3$이므로
$\square=216 \div 4 \div 6 = 54 \div 6 = 9$입니다.
$\Rightarrow$ (직육면체 가의 겉넓이)
$$=(4 \times 9 + 4 \times 6 + 9 \times 6) \times 2$$
$$=114 \times 2 = 228(cm^2)$$

**참고**
(직육면체의 겉넓이)
$=$(한 꼭짓점에서 만나는 세 면의 넓이의 합)$\times 2$

**04** 밑면의 가로가 9 cm, 세로가 4 cm일 때 선분 ㄱㄴ은 높이가 됩니다.

(옆면의 넓이)＝(겉넓이)－(한 밑면의 넓이)×2
$$=384-(9\times4)\times2$$
$$=384-72=312(\text{cm}^2)$$

(옆면의 가로)＝9＋4＋9＋4＝26(cm)

옆면의 세로는 선분 ㄱㄴ이므로

(선분 ㄱㄴ)＝(옆면의 넓이)÷(옆면의 가로)
$$=312\div26=12(\text{cm})$$

**05** 앞, 옆에서 본 모양으로 겨냥도를 그려 보면 위에서 본 모양은 가로가 10 cm, 세로가 4 cm인 직사각형입니다.

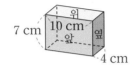

⇨ (겉넓이)＝(10×4＋10×7＋4×7)×2
$$=138\times2=276(\text{cm}^2)$$

**06** 나무 토막을 수조에 넣으면 나무 토막의 부피만큼 물의 부피가 늘어납니다.

(나무 토막의 부피)＝(늘어난 물의 부피)
$$=10\times10\times10=1000(\text{cm}^3)$$

나무 토막을 넣었을 때 물의 높이가 처음보다 □ cm만큼 높아진다고 하면

(늘어난 물의 부피)＝25×20×□＝1000에서

500×□＝1000, □＝2

늘어난 물의 높이가 2 cm이므로 나무 토막을 넣은 수조의 물의 높이는 15＋2＝17(cm)가 됩니다.

**07** ①  가로로 한 번 잘랐을 때 색칠한 부분이 새로 생기는 면이고, 새로 생긴 면들의 넓이의 합은 가로 20 cm, 세로 15 cm인 직사각형 넓이의 2배입니다.

②  세로로 2번 잘랐을 때 새로 생기는 면들의 넓이의 합은 가로 16 cm, 세로 15 cm인 직사각형 넓이의 4배입니다.

⇨ (늘어난 겉넓이)＝(①의 넓이)＋(②의 넓이)
$$=(20\times15\times2)+(16\times15\times4)$$
$$=600+960=1560(\text{cm}^2)$$

**08** 잘라낸 직육면체 3개는 모두 밑면이 한 변의 길이가 4 cm인 정사각형이고, 높이가 20 cm입니다.

처음 직육면체의 가로는 4＋12＝16(cm),

세로는 4＋6＋4＝14(cm), 높이는 20 cm입니다.

⇨ (입체도형의 부피)

＝(처음 직육면체의 부피)

　－(잘라낸 직육면체 3개의 부피의 합)

＝(16×14×20)－(4×4×20)×3

＝4480－960＝3520(cm³)

**09** 입체도형의 겉넓이는 처음 직육면체의 겉넓이에서 정육면체의 한 면의 넓이 4개만큼 더 늘어난 것과 같습니다.

⇨ (입체도형의 겉넓이)

＝(처음 직육면체의 겉넓이)＋(정육면체의 한 면의 넓이)×4

＝10×7×2＋(10＋7＋10＋7)×9＋4×4×4

＝140＋306＋64＝510(cm²)

memo

**기적의 학습서**

오늘도 한 뼘 자랐습니다.

# 7

## 정답과 풀이

풀다 만 문제집만 수두룩? 기적의 학습서는 스케줄 관리를 통해 꾸준한 학습을 가능케 합니다.

학습단에 참여하여 꾸준히 공부만 해도 상품권, 기프티콘 등 칭찬 선물이 쏟아집니다.

엄마표 학습의 고수가 알려주는 학습 팁과 노하우로 나날이 발전된 홈스쿨링이 가능합니다.

## 기적의 학습서, 제대로 경험하고 싶다면?
# 학습단에 참여하세요!

### 꾸준한 학습!

풀다 만 문제집만 수두룩? 기적의 학습서는 스케줄 관리를 통해 꾸준한 학습을 가능케 합니다.

### 푸짐한 선물!

학습단에 참여하여 꾸준히 공부만 해도 상품권, 기프티콘 등 칭찬 선물이 쏟아집니다.

### 알찬 학습 팁!

엄마표 학습의 고수가 알려주는 학습 팁과 노하우로 나날이 발전된 홈스쿨링이 가능합니다.

길벗스쿨 공식 카페 〈기적의 공부방〉에서 확인하세요.
http://cafe.naver.com/gilbutschool